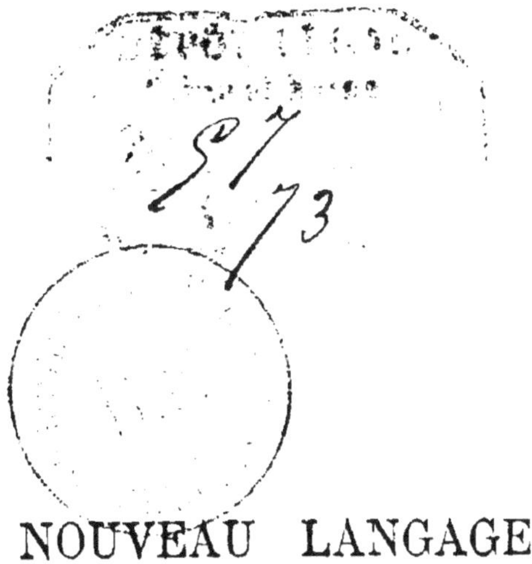

# NOUVEAU LANGAGE

DES

# FLEURS ET DES FRUITS

F. Aureau et Cie. — Imprimerie de Lagny.

# NOUVEAU LANGAGE

## DES

# FLEURS ET DES FRUITS

### OUVRAGE COMPLET

PAR

### M<sup>lle</sup> Clémentine VATTEAU

## PARIS

BERNARDIN-BÉCHET, LIBRAIRE-ÉDITEUR

31, QUAI DES AUGUSTINS, 31

1872

# NOUVEAU LANGAGE

## DES

# FLEURS ET DES FRUITS

## AVANT-PROPOS

Lecteurs, voilà des Fleurs le doux langage,
  Dont chaque jour en Orient,
  L'amour fait un commun usage
  Et lui rend son plus tendre hommage !
  C'est un code adroit et riant,
  Qui secrètement nous enflamme,
  Et sur ses fragiles feuillets
  Dit, en caractères secrets,
  La joie et les peines de l'âme !...

Les fleurs ! Quels sentiments ce mot poétique éveille en nous ! L'amour des fleurs rend
meilleur, a dit M. Paul d'Ivoy. Nous les trou-

vons, en effet, partout, dans la chaumière comme au château, elles sont les emblèmes de nos goûts, de nos plaisirs et de nos gloires. Indépendamment du bonheur que nous éprouvons quand nous respirons leur parfum ou quand nous admirons l'opulence de leurs couleurs, nous attachons à chacune d'elles une signification poétique.

« Les Indiens les plus sauvages en parent le berceau de leurs enfants nouveau-nés, dit M. Jules Macé dans son ouvrage remarquable sur la *Vie d'un brin d'herbe*.

« Clémence Isaure récompensait les vainqueurs des jeux floraux en leur donnant une fleur : l'œillet, la violette, l'églantine ou le souci.

« Enfants, ajoute le même auteur, nous courons dans la verte campagne pour y cueillir des bleuets; vieillards, nous aimons à reposer nos yeux sur un brillant parterre, et c'est pour nous le plus grand des plaisirs que la contemplation de ces organes aux riches couleurs, aux mille nuances éclatantes, dont les parfums enivrants embaument l'atmosphère. Les montagnes, les vallées, les champs et les prairies sont autant de parterres qu'émaillent les humbles fleurs sauvages. Nos bois et nos forêts les plus impénétrables, les fleuves et les rivières ont aussi leur parure de fleurs.

« L'art emprunte aux fleurs ses modèles les plus gracieux; elles ont inspiré aux poëtes leurs plus belles conceptions. Chaque événement important de notre existence est symbolisé par la fleur; l'oranger donne au front de la jeune épouse ses fleurs, emblème de la virginité, tandis que l'immortelle symbolise la fin de notre existence. Dans les jours de liesse, les anciens se couronnaient de fleurs ; de nos jours, elles ont leur place sur notre table de festins.

« Les suaves parfums qu'exhalent les fleurs et leurs couleurs harmonieuses ne sont pas leurs seuls charmes ; elles nous plaisent encore, les unes par leur simplicité, les autres par leur port majestueux. Auprès de l'humble violette, le lis se dresse avec majesté ; le gazon des prairies, la cime des arbres les plus élevés portent également des fleurs. »

Le *langage des fleurs* ou *Selam*, remonte à une époque déjà bien ancienne. Il fut pour la première fois mis en usage par une jeune et charmante bouquetière d'Athènes, Glycéra, au sujet de laquelle Pline rapporte ce qui suit :

« Glycéra excellait dans l'art de faire des guirlandes, des couronnes et des bouquets ; le peintre Pausias, contemporain d'Appelles, excellait dans la peinture des fleurs. On vit l'art et la nature faire des efforts pour se surpasser réciproquement ; chacun voulait l'emporter sur son émule ; on ne savait à qui adjuger la victoire. Mais Pausanias, ayant voulu peindre la bouquetière elle-même tressant des couronnes, se prit à l'aimer et s'avoua vaincu. »

Depuis Glycéra, le langage des fleurs a fait d'immenses progrès. Il est en honneur chez tous les peuples, même les moins civilisés. Les Chinois possèdent un alphabet très-complet dont les lettres sont remplacées par des fleurs ayant chacune leur signification et dont la réunion variée exprime des pensées en rapport avec la disposition qui leur est donnée.

Jeunes gens, puisque tout vous y invite, apprenez donc le langage des fleurs; la voix des fleurs, c'est la voix de l'amour. Un bouquet savamment agencé en dira beaucoup plus qu'une lettre dans laquelle la banalité étouffe souvent les sentiments les plus tendres et l'affection la plus passionnée.

Des fleurs sachez donc le langage;
Apprenez-le : dans l'Orient,
L'amour en fait un doux usage
Et lui doit son plus tendre hommage :
Langage adroit, livre riant,
Qui secrètement nous enflamme,
Et sur ses fragiles feuillets,
Dit en caractères secrets,
La joie et la peine de l'âme.

Lisez avec attention le récit suivant d'un Arménien, qui nous a été rapporté par M. A. Jacquemart :

« J'étais jeune et peu initié encore aux finesses du langage des fleurs : parcourant seul des pays divisés par les discordes d'une multitude de chefs ambitieux, je fus pris pour un espion et retenu captif dans une petite bourgade que le sort des armes avait récemment maltraitée... Ma mort fut résolue par forme de représailles.

« Pendant que j'attendais mon sort, je vis un jour tomber à mes pieds l'armoise et le souci pluvial; l'un signifiait *présage*, l'autre *bonheur*; en fallait-il davantage pour ranimer en moi l'esprit de la liberté? Je m'accrochai aux barreaux de l'étroite ouverture qui me servait de croisée et j'aperçus une jeune fille qui fuyait;

son doigt, placé sur sa bouche, semblait m'inviter à la prudence...

« La journée suivante se passa sans que je visse ma libératrice, car c'est ainsi que mon cœur se plaisait à la nommer. Enfin, vers le milieu de la nuit, j'entendis l'homme qui gardait la porte de ma prison s'écrier d'une voix brusque : « Eh quoi! folle, es-tu donc amou« reuse de l'homme qui doit mourir? Que veut « dire ce sélam? donne-le-moi. »

« Mais, agile, la jeune fille s'élança, et un second bouquet suivit la route qu'avait prise le premier. Avec quelle impatience j'attendis le jour! L'odorat, le tact, cherchèrent mille fois à deviner ce que les yeux seuls pouvaient lire ; enfin, aux premiers rayons du soleil, je découvris l'ériné des Alpes, le laitron de Laponie, le peuplier noir, le fenouil et le prunier sauvage. Leur disposition exprimait « Jeudi, à une heure de « la nuit, le courage et la force te rendront « indépendant. »

« Jeudi était le lendemain ; comme les heures me parurent longues! de combien de minutes elles eussent été composées si j'avais dû supputer d'après le battement me mes artères! Enfin, l'instant arriva. J'avais entendu tour à tour le bruit des armes, celui plus pacifique des verres, et tout semblait replongé dans le sommeil, quand un craquement dans le coin le plus obscur de mon réduit attira mon attention ; une porte secrète venait de s'ouvrir, et la jeune fille au sélam entra d'un air déterminé ; elle remit un poignard dans mes mains ; puis, allumant un tas de branchages qu'elle avait apportés, elle m'entraîna lorsqu'elle vit les flammes ga-

gner la toiture ; nous étions déjà loin avant
que l'alarme fût répandue ; les gardes dor-
maient du sommeil de l'ivresse.

« Quand nous fûmes au milieu du bois :
« — Ange du ciel, dis-je à ma libératrice, tu
« vas me suivre, la vie que tu m'as rendue sera
« désormais dévouée à la tienne. »

« Non, reprit-elle, cela ne se peut ; tu ne
« connais pas la tâche que je me suis imposée.
« La mort seule pourra m'en délivrer. Enfant,
« je fus traînée en esclavage ; pour éviter le sort
« qui m'attendait, j'eus le courage de feindre
« la folie, et je vécus au milieu de ces hordes
« que je déteste, environnée du moins d'une
« pitié respectueuse. Mais, si j'ai flétri mon exis-
« tence par ce triste mensonge, c'était moins
« pour conserver des jours qui ne sont rien,
« que pour me consacrer au bonheur de déro-
« ber à ces barbares une partie des captifs que
« leur accorde la guerre. Ils n'osent punir la
« folie des entreprises audacieuses qu'ils voient
« tenter à l'insensée, ils n'osent surtout la soup-
« çonner des ruses qu'elle emploie pour remplir
« ses desseins. Va donc, fuis ; moi, je retourne
« dans ma cabane, feindre un sommeil que je
« ne goûte jamais, et demain, pauvre folle, j'irai
« demander, d'un air stupidement barbare, si
« les flammes ont respecté tes os. »

« Je ne pus que serrer avec reconnaissance la
main de la jeune fille, et, pour lui obéir, je
m'éloignai rapidement... Il ne me resta de cette
aventure qu'une double reconnaissance au
cœur : pour la jeune fille qui avait consacré sa
vie toute entière au soulagement de ses frères,
et pour Dieu qui lui avait donné, dans les

fleurs, un moyen secret et facile de communiquer avec ceux sur lesquels devait s'exercer sa charité. »

Le langage des fleurs est répandu jusque dans les campagnes, et il en est peu parmi vous qui n'ait entendu, dans son enfance, fredonner une vieille chanson dont je ne me rappelle que le couplet suivant :

> J'offrirai le pâle narcisse
> A beaucoup de nos jeunes gens,
> Le tournesol aux courtisans,
> Le bouton d'or à l'avarice,
> Au babillard une clochette,
> Et, d'après le commun aveu,
> De l'hellébore à tout poëte.

# Dictionnaire historique, symbolique, emblématique des Plantes et des Fleurs.

---

# A

ABSINTHE : plante aromatique, *amère*, cultivée dans nos jardins; elle symbolise *l'absence* et *l'amertume*.

ABSINTHE (*petite marine*), symbole : *Voyage lointain*.

ACACIA : arbre aux branches épineuses, originaire de l'Amérique du Sud, dont les fleurs sont blanches et parfumées; symboles : *Amour platonique, inquiétude*.

ACANTHE : symbole : *Culte des arts*.

ACHILLÉE, appelée aussi *herbe aux mille feuilles, herbe au charpentier* : symboles : *Guerre, dispute*.

Aconit, appelée aussi *casque*, *tue-loup*, *napel*, est une plante vénéneuse aux fleurs jaunes, petites et panachées, symbole : *Remords*.

Adonide : doit son nom à Adonis.

Adonis, dont la vie eut des termes si courts,
Qui fut pleuré des Ris, qui fut plaint des Amours.

L'adonide est le symbole des *souvenirs pénibles*.

Adoxa muscateline : *Langueur d'amour, faiblesse*.

Agnus castus : *Froideur, vie sans amour*.

Agrimoine : *Dévouement, reconnaissance*.

La reconnaissance, dit J. Sandeau, parfume les grandes âmes et s'aigrit dans les petites.

Alisier : *Accord, bonne intelligence*.

Alleluia ou *pain à coucou*, symboles : *Gaîté, insouciance, réjouissances prochaines*.

Alliace : *Plaisirs champêtres*.

Aloès : plante résineuse au suc très-amer, symboles : *Amertume, chagrin*.

Almouza : *Jalousie, rivalité, vengeance*.

Alysse des rochers : *Tranquillité, solitude*.

Amandier. Le premier de nos arbres qui étale au printemps sa parure blanche et qui bientôt est dépouillée par les giboulées, symbole : *Étourderie*.

Amarante. Ses fleurs durent longtemps : *Constance, immortalité*.

Ambroisie : *Joie, débauche*.

Amaryllis, appelée aussi Lis jacques, Lis du Japon, Belladona : *Orgueil, fierté*.

Ammi : *Fécondité*.

Amourette ou Brise tremblante : *Séparation.*

Anagosis : *Oubli éternel.*

Ananas, le meilleur des fruits : *Perfection.*

Ancolie, connue aussi sous les noms de Gants-Notre-Dame, Colombine, Aiglantine, ses fleurs sont semblables à des hochets, elle est le symbole de la *Folie.*

> J'aime à revoir de l'ancolie.
> Au mois de juin, la fleur jolie,
>     Dans l'éclaircie du bois épais,
>     Quand sa clochette tremble et plie
>     Au souffle de l'air et marie
> Son bleu sombre au feuillage frais.
>
> (Florent Richomme.)

Anémone des jardins : *Abandon, candeur.*

— des prés : *Maladie.*

— hépatique : *Confiance aveugle.*

Aneth, plante semblable au fenouil : *Délivrance.*

Angélique : En Laponie, les poëtes s'en font une couronne pour s'inspirer : *Inspiration, extase.*

Apocym, plante vénéneuse : *Haine, trahison.*

Argentine : *Fierté, naïveté.*

Aristée du cap de Bonne-Espérance : *Vigueur.*

Armoise commune : *Bonheur.*

Armoise amarella : *Amour clandestin, adultère.*

Arnica : *Maladie grave, danger.*

Argémone, ou Pavot épineux : *Indifférence.*

Arrète-bœuf, ou Bugrane : *Intrépidité, mépris du danger.*

Asclepias, ou Arbre a soie : *Coquetterie.*

Asphodèle : *Nos regrets vous suivent au tombeau.*

Asphodèle (lys). Voy. Hemérocalle.

Aspic d'outre-mer : *Envie.*
Aster a grandes fleurs : *Soupçons, arrière-pensées.*
Astragale : *Regrets fugitifs.*
Astrame : *Ruse, dissimulation.*
Attriplex ou Arroche sauvage : *Amitié constante.*
Attrape-mouche ou Muscipula : *Embûches, piége.*
Aubépine. Les dames de Rome en paraient le berceau des nouveau-nés : *Espérance, courage.*
Avelinier. Espèce de noisetier à gros fruits : *Douceur enfantine.*
Aurone : *Rêverie.*
Azerole : *Désirs.*


# B


Baguenaudier, ses fruits font explosion quand on les presse, parce qu'ils sont remplis d'air : *Amusements frivoles, enfantillage.*
Balisier : *Rêverie, incertitude.*
Balsamine, n'y touchez pas : *Ardeur, vivacité, impatience.*
— blanche : *Pureté, pudeur offensée.*
— violette : *Impatience, emportement.*
Barbe de jupiter : *Gloire, honneur.*
Barbeau ou Bluet, plante des champs : *Délicatesse.*

Beauté des jardins : *Langueur amoureuse.*
— panaché : *Premier soupir d'amour.*


Blonds chérubins, blanches petites filles,
De bluets et d'épis semez votre chemin :
Pour vous il est des fleurs et jamais de faucilles ;
A vous le ciel, car Dieu vous mène par la main.

Alexandre Guérin.


Bardane : *Inconvenance, importunité.*
Basilic : *Haine implacable.*
Basilic d'eau : *Importunité.*
Baume : *Vertu bienfaisante.*
Baume de Judée : *Langueur maladive.*
Belladone, *voyez* Amaryllis.
Belle de jour : *Coquetterie, infidélité, minauderie.*
Belle de nuit, plante sensible au froid : *Alarme d'un cœur sensible.*
Belligoire, *voyez* Églantier.
Belvédère : *Déclaration de guerre.*
Bétoine, plante pharmaceutique, fleurs rouges : *Brusquerie.*
Bigarreau, *voyez* Cerise.
Blé : *Richesse, opulence.*
Bon-Henri : *Bonté du cœur.*
Boule de neige ou rose de Gueldres : *Calomnie, refroidissement.*
Bouquet : *Galanterie.*
Bonne-dame ou Arroche : *Coquetterie.*
Bourrache : *Brusquerie.*
Bouton de rose : *Jeune beauté, beauté naissante.*
Bouton de rose blanche : *Cœur qui n'a pas encore aimé.*

Bᴏᴜᴛᴏɴ ᴅ'ᴏʀ, ᴏᴜ ʀᴇɴᴏɴᴄᴜʟᴇ ᴅᴏʀᴇ́ᴇ :. il symbolise le *danger des richesses.*

> Ce joli bouton satiné
> Qui sourit comme l'innocence,
> Recèle un suc empoisonné
> Et souvent blesse l'imprudence.

Cette fleur renferme un poison très-violent.

Bʀᴀɴᴄʜᴇ ᴜʀsɪɴᴇ : *Nœud indissoluble.*
Bʀɪɴ ᴅᴇ ᴍᴏᴜssᴇ : *Amour maternel.*
Bʀɪsᴇ ᴛʀᴇᴍʙʟᴀɴᴛᴇ : *Frivolité.*
Bʀᴜɴᴇʟʟᴇ : *Plaisirs des forêts.*
Bʀᴜʏᴇ̀ʀᴇ : *Solitude, rêverie.*
Bᴜɢʟᴏssᴇ : *Mensonge, tromperie.*
Bᴜɢʀᴀᴍᴇ : *Empêchement, obstacle, entrave.*
Bᴜɪs : *Stoïcisme, fermeté.*

# C

Cᴀɪʟʟᴇ-ʟᴀɪᴛ : *Trahison.*
Cᴀᴍᴀʀᴀ ᴘɪǫᴜᴀɴᴛ : *Rigueur.*
Cᴀᴍᴇʟɪɴᴇ : *Reconnaissance.*
Cᴀᴍᴇ́ʟɪᴀ : *Talent modeste et vénéré.*

Arbrisseau charmant qui se plaît aux lieux ombra-

gés et qui aime la chaleur ; belles feuilles denticulées ;
larges fleurs blanches nuancées de rose. On assure
que dans le royaume de Naples, à Caserte, château
royal, il se trouve un camélia en pleine terrre, de dix
mètres de hauteur. C'est le plus beau du monde.


Un camélia blanc était fier de sa fleur :
C'est elle, disait-il, qu'à tout autre on préfère.
    Son éclat est doué d'une telle fraîcheur
Que la Vierge elle-même envirait sa blancheur !
    Quel dommage de vivre en serre !
    On voit trop peu d'admirateurs.
Si l'on connaissait mieux les trésors sur la terre,
    Combien j'aurais de visiteurs !

Anatole de Montesquiou.


Camomille romaine : *Amitié.*

Campanule, plante dont les fleurs sont en forme
de clochettes, symbole : *Surveillance, attachement.*

Capillaire : *Discrétion.*

Capucine : *Feu d'amour.*

Carline, plante des montagnes, très-recherchée
par les chamois qui s'en montrent très-friands.
On la surnomme le *baromètre des chasseurs,*
parce que sa fleur s'ouvre ou se ferme selon
que le temps doit être sec ou pluvieux, elle
est l'emblème de l'*isolement et de la solitude.*

Centaurée ou fleur du grand seigneur : *Félicité.*

Carthame ou safran batard, cette plante est
employée en teinture, son symbole est: *Utilité, charme du monde.*

Cerisier : *Bonne éducation.*

Chélidoine, célidoine ou éclaire, plante très-
commune dans les mauvaises terres, sa séve
est épaisse, jaune, et on lui attribue la pro-

priété de guérir les verrues, symbole : *Émotion d'amour*.

CHAMPIGNON : *Défiance, soupçon*.

Certains champignons constituent un poison des plus violents.

Les habitants de la Sibérie ont le secret de faire avec trois champignons, une préparation qui donne la mort en douze heures à l'homme le plus robuste.

Un champignon disait : « Soumis aux lois des cieux,
 « Végéter en butte à l'orage
 « Entre deux points mystérieux
« Où commence et finit un rapide passage ;
« Ignorer où l'on va, d'où l'on vient, ce qu'on est,
 « Pourquoi l'on meurt, pourquoi l'on naît ;
« Jouer, sans le comprendre, un rôle sur la terre,
« A sa postérité léguer tout ce mystère ;
« Enfin, être aujourd'hui, ne plus être demain,
« Souvent pour satisfaire au bon plaisir d'un autre,
 « Du champignon c'est le destin ! »
« Tu te plains de ton sort, repartit un Humain :
 « Il est pourtant semblable au nôtre. »

Anatole de MONTESQUIOU.

CHARDON A FOULON OU CARDIÈRE : *Misanthropie*.
CHARDON ordinaire : *Austérité*.

Il y a en Écosse un ordre honorifique qu'on appelle l'*Ordre du Chardon* ou de Saint-André ; c'est un collier d'or entrelacé de fleurs de chardon et de rue, avec cette devise :

Personne ne m'offense impunément.

CHARME OU CHARMILLE : *Ornement*.

**CHATAIGNIER** : *Rendez-moi justice.*
**CHÊNE** : *Force, hospitalité.*

Les anciens croyaient que le chêne, né avec la terre, avait offert aux premiers hommes la nourriture et l'abri, aussi fut-il de tout temps en vénération parmi les peuples. Ce qui est vrai, c'est que le chêne produit les glands, dont quelques espèces ont offert de tout temps aux hommes une ressource assurée contre la disette.

Cet arbre est à bon droit l'emblème de l'hospitalité, quel plus agréable ombrage peut observer le voyageur pour se livrer au repos?

« Ah ! disait un jour Napoléon à Sainte-Hélène, à un de ses compagnons, M. de Las Cases, que ne sommes-nous libres au bord de l'Ohio ou du Mississipi, entourés de nos familles et de quelques amis... Sentez-vous quel plaisir nous aurions à parcourir sans fin et de toute la vitesse de nos chevaux ces vastes forêts d'Amérique. Mais ici, sur ce rocher, c'est à peine s'il y a de quoi faire un temps de galop, je ne puis que tourner dans mon cercle d'enfer. Puis, rentrant au moment où les rayons du soleil tropical brûlaient son front, il se réfugiait sous la tente que lui avait fait dresser sir Malcolm ; mais, sous cette ombre sans charme, *un chêne ! un chêne !* s'écriait-il, et il demandait avec passion qu'on lui rendît le feuillage de ce bel arbre de France. »

THIERS.

**CHEVEUX DE VÉNUS** : *sympathie ; les tresses de vos cheveux sont autant de chaines pour mon cœur.*
**CHÈVREFEUILLE DES JARDINS** : *Liens d'amour.*

« J'ai quelquefois vu un jeune chèvrefeuille attacher amoureusement ses tiges souples et délicates au tronc noueux d'un vieux chêne ; on eût dit que ce faible arbrisseau voulait, en s'élançant dans les airs, surpasser en hauteur le roi des forêts ; mais bientôt, comme s'il eût senti ses efforts inutiles, on le voyait retomber avec grâce et couronner le front de son ami de doux festons et de guirlandes parfumées. »

CHICORÉE : *Frugalité.*
CHIENDENT : *Persévérance.*

Les Romains décernaient une couronne de chiendent aux guerriers qui avaient soutenu ou fait lever le siége d'une ville.

CHOU : *Profit.*
CHRYSANTHÊME DES PRÉS OU REINE-MARGUERITE SAUVAGE OU GRANDE PAQUERETTE : *M'aimez-vous ?*

Il n'est personne qui n'ait remarqué cette plante, et qui, dans sa jeunesse, n'ait joué avec sa fleur en cherchant à connaître le degré d'affection de l'amant ou de l'amie.

> Souvent la pastourelle,
> Loin de son jeune amant,
> Se dit : « M'est-il fidèle ?
> Reviendra-t-il constant ?... »
> Tremblante elle te cueille ;
> Sous son doigt incertain,
> L'oracle qui s'effeuille
> Révèle son destin.

Constant DUBOS

CIGUE : *Trahison.*
CIRCÉE : *Sortilége.*

Cette plante, qui croît sur les tombeaux, était autrefois employée dans la sorcellerie.

CISTE : *Jalousie.*

CITRONNELLE : *Douleur.*

Dans le Holstein, les jeunes gens, dit-on, comme marque de deuil, portent aux funérailles une branche de citronnelle. Dans l'Inde, le citron est consacré à la douleur ; les femmes condamnées, dans ce pays, à se brûler à la mort de leurs époux, marchent au bûcher avec des citrons à la main.

CITRONNIER : *Désir de correspondre.*
CITROUILLE : *Grosseur.*
CLANDESTINE : *Amour caché.*
CLÉMATITE : *Artifice.*
CLOCHETTE OU CAMPANULE : *Bavardage, caquet.*
COCA : *Querelle, aigreur.*

Plante du Pérou, ses feuilles servent à préparer des médicaments fortifiants.

COLCHIQUE : *Mes beaux jours sont passés.*

Les Suisses attachent sa fleur au cou de leurs enfants et les croient à l'abri de tous les maux. Le colchique n'inspire point, comme le safran, la joie et l'espérance ; il annonce à toute la nature la perte des beaux jours.

CONVOLVULUS DE NUIT : *Obscurité, nuit.*
COQUELICOT : *Consolation, repos, reconnaissance.*

Il renferme une substance opiacée qui calme la douleur et endort le chagrin.

COQUELARDE : *Vous êtes sans prétention.*
COQUERET : *Erreur.*

Ce serait une *erreur,* en effet, de confondre ses fruits avec les cerises, malgré la grande ressemblance extérieure.

CORALINE : *Justesse de prévision.*
CORIANDRE : *Mérite caché.*

Ses graines, en mûrissant, acquièrent un parfum qu'on a été obligé de reconnaître ; les confiseurs, les cuisiniers savent lui rendre justice et utiliser son mérite.

CORMIER : *Prudence.*
CORNOUILLIER SAUVAGE : *Constance, durée.*
       —     PANACHÉ : *Première erreur.*
COUDRIER : *Réconciliation, paix.*
COURONNE IMPÉRIALE : *Fierté.*

Ses fleurs, disposées en couronnes, lui ont donné son premier nom. Elle doit son second apparemment à la prédilection de l'empereur Napoléon, qui voulait la voir dans tous ses palais répandue avec profusion.

Noble et brillante fleur, ornement des parterres,
Elle séduit les yeux par ses vives couleurs,
Le sage, en la voyant, rêve sur les grandeurs,
Et de plus d'un mortel déplore les misères :
« O fleur, dit-il, ton nom ne touche point mon cœur ;
      Tu me rappelles la victoire,
      Les faisceaux, la pourpre, la gloire.
      Les muses, les beaux-arts, l'honneur,
      Mais tu n'étais pas le bonheur ! »

Comtesse de BRADI.

COURONNES DE ROSES : *Récompense de la vertu.*

Saint Médard, évêque de Noyon, institua à Salency la *rosière*, ou couronnes de roses, prix réservé à la plus soumise, la plus modeste et la plus sage des jeunes filles du village, au jugement de ses propres compagnes. D'une commune voix, la sœur même de saint Médard fut nommée première rosière de Salency, et elle reçut sa couronne des mains du saint fondateur.

CRAPAUDINE : *Artifice.*
CRESSON : *Distraction, promenade.*
CROIX DE JÉRUSALEM OU DE MALTE : *Fidélité à toute épreuve.*
CHRYSOCOME LYNGSYRIS : *Vous faites attendre.*

Elle ne fleurit qu'à la fin de la belle saison, alors que toutes les autres fleurs sont passées. Elle est commune aux environs de Paris.

CUPIDINE OU CUPIDONE : *Vous inspirez l'amour.*

Les Grecs croyaient que cette plante inspirait l'amour.

CUSCUTE : *Bassesse, ingratitude.*

Elle s'attache aux plantes voisines, et, au moyen de suçoirs, elle puise sur elles sa nourriture et les fait mourir.

CYCLAMA OU PAIN DE POURCEAU : *Durée de sentiments.*
CYPRÈS : *Deuil.*

Arbre au feuillage sombre, à l'aspect mélancolique, on en fait l'ornement des tombeaux.

. . . . . . . . . . Et toi, triste cyprès,
Fidèle ami des morts, protecteur de leur cendre,
Ta tige chère au cœur mélancolique et tendre
Laisse la joie au myrte et la gloire au laurier.
Tu n'es point l'arbre heureux de l'amant, du guerrier,
Je le sais ; mais ton deuil compatit à nos peines.

Aimé MARTIN.

Cyoriole ou pied de Vénus : *Obstacles*.
Cytise : *Sortilége*.

# D

Dalhia : *Reconnaissance parfaite.*

Le premier dalhia fut apporté du Mexique en France en 1791. On cherche encore le *dalhia bleu*, la seule nuance qui n'a pu être obtenue par les horticulteurs.

Datura : *Charmes trompeurs.*

Son parfum est suave, mais il est dangereux de le respirer.

Dentelaire : *Causticité.*

Elle irrite la peau à cause de la *causticité* de son suc.

Dictame de Crète : *Naissance.*
Digitale : *Souvenir d'absence.*
Doronic : *Éclat, grandeur.*

Ses feuilles sont d'un jaune d'or éclatant.

# E

Ébénier : *Noirceur*.
Églantine ou Rose de chien : *Poésie*.

C'est la fleur des poëtes ; l'églantine d'or sert de prix aux jeux floraux.

Églantine, humble fleur, comme moi solitaire,
Ne crains pas que sur toi j'ose étendre la main :
Sans en être arrachée, orne un moment la terre,
Et comme un doux rayon console mon chemin.

Mais ton front humecté par le froid crépuscule
Se penche tristement pour éviter ses pleurs ;
Tes parfums sont enclos dans leur blanche cellule,
Et le soir a changé ta forme et tes couleurs.

Rose, console-toi ! le jour qui va paraître
Rouvrira ton calice, à ses feux ranimé ;
Ta brillante auréole, il la fera renaître,
Et ton front reprendra son éclat embaumé.

Fleur au monde étrangère, ainsi que toi, dans l'ombre,
Je me cache et je cède à l'abandon du jour ;
Mais un rayon d'espoir enchante ma nuit sombre :
Il vient de l'autre rive... Et j'attends son retour !

Mme Desbordes VALMORE.

Ellébore ou Pied de griffon : *Changement de position.*
Énothère a grandes fleurs : *Inconstance.*
Éphémérine de Virginie : *Bonheur d'un instant.*

Ses fleurs, d'un beau bleu, ne durent que quelques moments.

Épi de froment : *Abondance.*
Épilobe a épi : *Unissons-nous.*
Epine : *Remords.*
Epine noire : *Difficultés.*
Epine-vinette : *Aigreur de caractère.*

L'épine-vinette est bien en effet le symbole des caractères aigres et peu endurants.

Une épine de Rose ou de Briacanthos
    (Je n'ai pas pu savoir laquelle)
Aimait à se vanter de sa pointe cruelle,
    Et la citait à tout propos.
Une épingle lui dit : « Vous avez tort, ma chère,
« Et vous feriez bien mieux de cacher vos défauts.
« Nous avons bien un peu le même caractère;
« Je suis blessante aussi : mais de vous je diffère,
    « Et nos destins sont inégaux.
    « Vous piquez dès que l'on vous fâche,
    « Et vous vous fâchez bien souvent.
« Je vous vois attaquer tout le monde sans relâche;
    « Vous en voulez à tout venant;
    « Piquer est votre unique tâche.
    « Moi, je pique aussi, mais j'attache. »

Montesquiou.

Érable : *Réserve, précaution, économie.*
Essence de rose : *Votre renommée se répand partout.*

Éternelle : *Immortalité.*
Eupatoire : *Amour paternel.*
Euphorbe : *Réveille-matin, j'ai perdu le repos.*

Si l'on se frotte les paupières le soir avec le suc de cette plante, on éprouve des démangeaisons qui rendent le sommeil impossible.

# F

Fédie : *Santé.*

Cette plante jouit de plusieurs propriétés médicales.

Fenouil : *Force.*

Les gladiateurs mêlaient cette plante dans leur nourriture pour se donner des forces. Après les jeux de l'arène, une couronne de fenouil était placée sur la tête du vainqueur.

Feuilles vertes : *Espérance.*
Feuilles mortes : *Mélancolie, tristesse.*

De la dépouille de nos bois
L'automne avait jonché la terre ;
Le bocage était sans mystère,
Le rossignol était sans voix.

Triste et mourant à son aurore,
Un jeune homme, seul, à pas lents
Parcourait une fois encore
Le bois cher à ses premiers ans.

Bois que j'aime, adieu! je succombe;
Ton deuil m'avertit de mon sort,
Et dans chaque feuille qui tombe,
Je vois un présage de mort.

Fatal oracle d'Épidaure,
Tu m'as dit : « Les feuilles des bois
« A tes yeux jauniront encore,
« Et c'est pour la dernière fois! »

Tombe, tombe, feuille éphémère
Et couvre ce triste chemin !
Cache au désespoir de ma mère
La place où je serai demain.

MILLEVOYE (La Chute des feuilles.)

**FICOÏDE GLACIALE** : *Vos yeux me glacent.*
**FIGUIER** : *Reconnaissance, hospitalité.*
**FLEURS** (Toutes les) : *Tous les sentiments.*

. . . . . . . . . . . .
...Mais des plus tendres sentiments
Les fleurs offrent encor l'image;
Elles sont les plaisirs du sage,
Elles enchantent les amants
Qui se servent de leur langage.
De cet arbre aimable et coquet
La beauté n'est point offensée,
Et souvent son âme oppressée
Confie aux couleurs d'un bouquet
Les doux secrets de sa pensée.
Leur langage est celui du cœur :
Elles expriment la tendresse,
Elles expriment la ferveur

Et tous les désirs de jeunesse.
Sans jamais blesser la pudeur,
L'amant les offre à sa maîtresse,
Et brûle encor, dans son ivresse,
De lui prodiguer le bonheur
Dont un bouquet fut la promesse.

Aimé MARTIN.


FLEURS D'ABRICOT : *Charme.*
— DE CHÊNE : *Force.*
— DU GRAND SEIGNEUR, voyez CENTAURÉE.
— IMPÉRIALES : *Ivresse.*
— DE LIMON : *Constance idéale.*
— DE MARRONNIER : *Fierté.*
— D'ORANGER : *Chasteté.*
— DE LA PASSION : *Douleur d'amour.*
— DE PÊCHE : *Agrément.*
— DE POMMIER : *Plaisir durable.*
— DE VEUVE, voyez SCABIEUSES.
FONTENAILLE : *Fidélité.*
FLOUVE : *Tristesse.*
FOUGÈRE : *Sincérité.*
FOULSAPATTE : *Amour humble et malheureux.*
FRAGON OU PETIT HOUX : *Irascibilité.*
FRAISE : *Bonté parfaite.*
FRAXINELLE : *Feu.*
FRÊNE : *Grandeur.*
FRÉTILLAIRE, PINTADE OU DAMIER : *Soins domesti-
ques.*
FRÉTILLAIRE DE PERSE : *Présomption.*
FROMENT, voyez BLÉ, ÉPI DE BLÉ.
FUSCHIA : *Querelle d'amour.*
FUCUS, plantes marines : *Instabilité.*
FUMETERRE, saveur amère : *Fiel, amertume.*
FUSAIN : *Vos charmes sont tracés dans mon cœur.*

# G

Gainier, ou Arbre de Judée : *Poltronnerie*.
Galantine, perce-neige : *Premier regard d'amour.*

J'ai sommeillé six mois sous mon voile de neige :
Oh ! que la neige est froide à l'âme d'une fleur !
Mais je pousse ma tête au ciel qui la protége,
Et je *perce* mon voile et je reprends couleur

Et je cause avec l'air dont je pleurais l'absence,
L'air qui m'étreint d'amour et fait pleurer mon front ;
Pour leurs premiers bouquets les enfants me pren-
[dront,]
Et l'oiseau réchauffé chantera ma présence !

Mme Desbordes Valmore.

Galega : *Raison.*
Garance : *Calomnie.*
Gazon : *Utilité.*
Genêt employé pour faire les balais : *Propreté.*
Genette : *Espérance trompeuse.*
Genévrier commun : *Asile, secours.*

Le lapin, l'oiseau, poursuivis par le chasseur, viennent demander un abri à ses rameaux épineux.

Genièvre (fruit) : *J'ai de l'amertume au cœur.*

Gentiane : *Vous refusez mes soins.*

Elle ne paraît pas prospérer dans les jardins et dans les terres fertiles.

Géranium écarlate : *Sottise.*
Germandrée : *Plus je vous vois, plus je vous aime.*
Gérofle : *Dignité.*

Les fruits dits *clous de gérofle*, portés comme ornement aux îles Moluques, constituent des signes honorifiques.

Gesse : *Délicatesse, plaisir délicat.*
Giroflée : *Bonheur, sympathie.*
   —    des jardins : *Beauté durable.*
   —    de Mahon : *Promptitude.*
   —    des murailles : *Fidélité au malheur.*

« Petite sœur, là-haut qui grimpes et qui brilles
A l'étroite fenêtre entre deux noirs barreaux,
Quitte ces murs épais tout hérissés de grilles,
Viens donc rire avec nous ! les sentiers sont si beaux ! »

Ainsi disaient les fleurs jouant sur la pelouse.
Celle qui fleurissait à l'ombre répondit :
Riez sous le ciel bleu, je n'en suis point jalouse,
Je plonge en un ciel noir qui par moi resplendit.

Heureuses au milieu des heureux de la terre,
Enchantez-les, mes sœurs, sous le clair horizon !
Laissez-moi la fenêtre humide et solitaire,
J'embaume un malheureux : je suis *fleur de prison.*

M. de Ratisbonne.

Gonet commun : *Ardeur.*
Gonet gobe-mouches : *Piège.*

GRATERON : *Rudesse.*
GRATIOLE, ou HERBE AU PAUVRE HOMME : *Humanité.*
GRENADE : *Fatuité, sottise.*
GRENADIER : *Union, concorde.*
GRENADILLE BLEUE : *Foi.*
GUEULE DE LOUP : *Politique.*
GUI : *Parasitisme.*
— DE CHÊNE : *Superstition.*

Autrefois, les druides le coupaient au 1ᵉʳ janvier, avec une faucille d'or, et le distribuaient au peuple après l'avoir consacré.

GUIMAUVE : *Bienfaisance.*
GUIRLANDE DE FLEURS : *Chaine d'amour.*
GUITTARIN : *Mélodie.*
GYROSELLE, ou DOUZE DIVINITÉS : *Vous êtes ma divinité.*

# H

HÉLÉNIE : *Pleurs.*

D'après la Fable, les pleurs d'Hélène engendraient cette plante, qui fleurit à l'automne.

HÉLIOTROPE : *Enivrement, je vous aime.*

Jussieu, herborisant un jour dans les Cordillères, se sentit tout à coup enivré d'un délicieux parfum ; il approche et que voit-il ? Sur un affreux buisson, mille petites fleurs s'élevaient radieuses, tournées vers le soleil, qu'elles semblaient fixer d'un regard d'amour. Aussitôt Jussieu leur donna ce nom, et quelque temps après, toutes les dames de Paris, éprises d'enthousiasme, donnaient à l'héliotrope le surnom d'*herbe d'amour*.

HÉMÉROCALLE : *Persistance.*
HÉPATIQUE : *Confiance.*
HÊTRE : *Prospérité.*

Cet arbre croît en effet très-vite, il est majestueux et semble braver la tempête et la foudre.

> Cent ans il repoussa la guerre
> Des aquilons impétueux ;
> Inébranlable et fastueux
> Il foulait le sein de la terre ;
> Son front brûlé par le tonnerre
> En était plus majestueux.
>
> BERNIS.

HORTENSIA, belle fleur sans parfum : *Vous êtes froide.*
HOUBLON : *Injustice.*
HYACINTHE : *Jeu.*

Apollon, d'après la Fable, ayant tué Hyacinthe en jouant au palet et ne pouvant le rappeler à la vie, le transforma en la plante qui porte son nom.

> Gentillette
> Fleurette,
> Ornement des halliers,
> Qui gracieuse éclot aux rayons printaniers

Hyacinthe embaumée,
Auprès de toi le soir,
J'ai vu souvent s'asseoir
Le tendre amant près de sa bien-aimée.

Héride de Perse : *Indifférence.*


# I


If : *Tristesse.*

Son feuillage sombre a un extérieur triste et lugubre, sa place est bien dans les cimetières.

Immortelle : *A jamais.*
Impériale : *Puissance.*
Iris (Iris était la messagère des dieux) : *Message.*
Iris blanc : *Ardeur.*
— bleu : *Confiance.*
— flamme : *Flamme.*

Sur les toits des chaumières, ce bel Iris, agité par l'air et doré par les rayons du soleil, offre l'aspect d'une flamme éclatante.

Parmi les biens perdus dont je soupire encore,
Quel nom portait la fleur... la fleur d'un bleu si beau,
Que je vis poindre au jour, puis frémir, puis éclore,
Puis que je ne vis plus à la suivante aurore ?
Ne devrait-elle pas renaître à mon tombeau !

Marie Desbordes-Valmore.

Ivraie ou zizanie : *Vice.*
Ixia ou roue d'Ixion : *Vous faites mon tourment.*

Les fleurs de l'ixia sont semblables à une roue.
aussi lui a-t-on donné le nom qu'elle porte à cause
du supplice auquel était condamné Ixion et qui con-
sistait à tourner perpétuellement une roue.

# J

Jacinthe : *Bienveillance.*
Jalousie : *Méfiance.*
Jasmin blanc : *Amabilité.*
   — d'Espagne : *Sensualité, Volupté.*
   — jaune : *Bonheur.*
   — rouge de l'Inde : *Je m'attache à vous.*
   — de Virginie : *Séparation.*
Jonc des champs : *Docilité.*

Cette plante se laisse plier avec la plus grande
facilité.

Jonc marin : *Intrigue, bassesse.*
Jonquille : *Désir.*

Cette plante et son symbole nous viennent de Tur-
quie.

Joubarbe : *Esprit.*

JUJUBIER : *Votre présence adoucit mes peines.*

Les fruits du jujubier adoucissent le rhume d'une façon très-sensible.

JULIENNE BLANCHE : *Ne nous quittons pas.*
— BLANCHE ET VIOLETTE : *Je vais vous quitter.*
— DES JARDINS : *Vous recevrez une gracieuse invitation.*
— DOUBLE : *Bonheur de vous revoir.*
— ROUGE ET LILAS : *Goût des voyages.*
— DE MAHON : *Je vous vois avec plaisir.*
JUSQUIAME : *Défaut.*

# K

KAKI : *Solidité.*
KALMIE : *Siége à craindre.*

C'est un joli petit arbrisseau à fleurs roses, originaire de l'Amérique du Sud.

KENNEDIE COUCHÉE : *Élégance.*
— A GRANDES FLEURS : *Orgueil, fatuité.*
— A FEUILLES OVALES : *Extravagance.*
KETMIE : *Ornement, parure.*

L'abeille inconstante voltige
De fleur en fleur, de tige en tige,

Admirant partout la beauté ;
Sans rien perdre, son aile effleure
Le Cytise penché qui pleure,
Ou *Ketmie* en sa majesté.


**King où cinéraire** : *Amour idéal.*
**Kitaibèle** : *Beauté qui s'ignore.*


# L


**Laiche** : *Perfidie.*
**Laitue** : *Rafraîchissement*

Les poëtes antiques lui attribuaient la vertu de calmer les feux de la concupiscence ; d'après eux, Vénus, après la mort d'Adonis, se coucha sur un lit de laitues pour essayer d'apaiser l'ardeur de son amour.


**L'auréole bois-gentil** : *Coquetterie, désir de plaire.*

Cette fleur s'épanouit après les neiges. Elle n'épargne rien pour charmer nos regards.


**Laurier** : *Gloire.*

Chez les Grecs et les Romains, le guerrier, l'orateur, le philosophe, le poëte, la vestale, l'empereur lui-même aspiraient après la couronne de Laurier.

>     . . . Si mon fruit ne vaut rien,
> Du moins ma feuille est immortelle.
> Que ton front soit orné par elle,
> Tu ne voudras plus d'autre bien.

Anatole de MONTESQUIOU.

**LAURIER-AMANDIER** : *Perfidie.*
 —     BLANC : *Sincérité, candeur.*
 —     CERISE : *Coquetterie, orgueil.*
 —     D'ESPAGNE : *Désespoir.*
**LAVANDE** : *Méfiance.*

On croyait autrefois que les serpents s'y cachaient.

**LIANES** : *Nœuds indissolubles.*
**LIERRE** : *Amitié.*

O hommes, admirons le tendre lierre ! Admirons et imitons.

**LILAS** : *Première émotion d'amour.*

Le lilas aux parfums exquis, est le messager du printemps dont il annonce le retour.

**LILAS BLANC** : *Jeunesse.*

Beau temps du premier âge de la vie. Que tu ressembles bien à ce beau lilas blanc! comme lui tu charmes et tu brilles, mais pourquoi disparais-tu sitôt ?

> Et, moi, j'ai rafraîchi les pieds de la Madone
> De lilas blancs si chers à mon destin rêveur;
> Et la Vierge sait bien pour qui je les lui donne;
> Elle entend la pensée au fond de notre cœur!

Madame DESBORDES-VALMORE.

Lilas jaune : *Inquiétude.*
Lilas rose : *Vanité.*
Lin : *Je sens vos bienfaits.*

Cette charmante petite plante a des fleurs d'un bleu admirable.

> J'aime la mer de Saphir
> Qu'au versant de nos collines
> Tu formes quand tu t'inclines
> Sous les baisers du Zéphir.
> Oh ! j'aime te voir encore
> Répandre ces pleurs brillants
> Qu'en ton sein vers l'aurore,
> Comme de beaux diamants !
> Pare le sein de Marie,
> Couronne ses cheveux noirs,
> Fleur de lin, cent fois plus jolie
> Que tes sœurs des riches manoirs.

F. Gozola.

Lis : *Majesté, innocence.*

Il est le roi des fleurs dont la rose est la reine.

— DE Sibérie : *Mes intentions sont pures.*
— DES Incas : *Sagesse.*
— DU Japon : *Naïveté.*
— Jaune : *Inquiétude.*
— Martagon : *Virginité pieuse.*
— Pompon : *Pureté enfantine.*
— Superbe : *Candeur.*
Liseron ou convolvolus : *Humilité.*

Aimez le liseron, cette fleur qui s'attache
Au gazon de la tombe, à l'agreste rocher ;

Triste et modeste fleur qui dans l'ombre se cache
Et frissonne au toucher.

Murger.

**Lupin varié** : *Vous rendez le calme à mon âme.*
**Luzerne** : *Vie.*
**Lychnide compagnon** : *Je ne puis vous quitter.*
**Lycoperde** : *Je veux vous aimer toujours.*
**Lycopode** : *Flamme ardente.*

# M

**Moujon ou gland de terre** : *Prévoyance.*
**Mahaleb ou bois de sainte-Lucie** : *Enivrement des sens.*
**Manceniller** : *Fausseté.*

Son parfum et l'aspect de ses fruits attirent le voyageur et l'invitent à venir se reposer à l'ombre de ses rameaux. Mais malheur à l'imprudent ! L'air qu'on respire sous ses feuilles est mortel et ses fruits sont remplis d'un poison violent.

**Mandragore** : *Rareté.*
**Marguerite** : *Tristesse, regrets.*

Marguerite, fleur de tristesse,
Je t'aime mieux qu'une autre fleur ;
De ma jeune et blanche maîtresse
Ne m'offres-tu pas la candeur ?

L'auréole qui te couronne
Attire et repose les yeux ;
Le doux éclat qui t'environne
Est l'aimant d'un cœur malheureux !

Madame Desbordes-Valmore.

**Marguerite (grande)** : *J'y songerai.*

Tendres Marguerites des champs,
De toutes les fleurs que l'on cueille
Vos attraits sont les plus touchants
Et c'est vous seules qu'on effeuille.

Etienne Arago.

**Marguerite (petite double)** : *Je partage vos sentiments.*
**Marguerite (petite) ou paquerette** : *Innocence.*

Moi je m'appelle Marguerite,
L'étoile blanche des prés verts ;
Je suis frileuse et je n'habite
Que les endroits d'herbe couverts.
Je vis bien peu, pauvre fleurette,
Car de mon sort indifférent,
L'homme effeuille ma collerette
    Dès qu'il me prend.

Laluyé.

On dit, mignonne Marguerite,
Que tu sais les secrets du cœur.
M'aime-t-on ? reponds-moi bien vite,
Réponds, Marguerite, ma sœur ?

Effeuille, enfant, de ma corolle
Chaque pétale, dit la fleur.
La dernière feuille qui vole,
Te dira le secret du cœur.

Madame Blanchard.

MARGUERITE (REINE) : *Splendeur.*

> Loin des prés solitaires,
> Étalant ses attraits,
> Reine de nos parterres,
> Va briguer des succès !
>
> Constant DUBOS.

MARJOLAINE : *Toujours heureux.*
MARRONNIER D'INDE : *Luxe.*
MARSAULT OU PAIN D'ABEILLES : *Lumière, intelligence.*
MÉLÈZE : *Audace.*
MÉLISSE CITRONNELLE : *Plaisanterie.*
MENTHE POIVRÉE : *Chaleur de sentiment.*
MENYANTHE : *Calme, repos.*
MEZEREUM : *Caractère contrariant.*
MIGNARDISE : *Enfantillage.*
MILLE-PERTUIS : *Oubli.*

Les Tartares cherchent l'oubli de leurs maux dans une infusion de cette plante.

MATRICAIRE : *Passion violente.*
MAUVE : *Sincérité.*
MIROIR DE VÉNUS : *Flatterie.*
MOLÈNE : *Mollesse, nonchalance.*
MOMORDIQUE : *Critique.*
MORELLE DOUCE-AMÈRE : *Vérité.*
— CERISETTE : *Beauté sans bonté.*
MOURON : *Rendez-vous.*
MOUSSE : *Amour maternel.*
MUFLIER OU MUFLE DE VEAU : *Présomption.*
MUGUET : *Retour du bonheur.*

Le muguet que l'on trouve dans les vallons, dans

les bois, au bord des ruisseaux, fleurit au commence-
ment du printemps.

> De mon frère le lis des bois
> Je n'ai pas le touchant emblème ;
> Mais le gazon connaît ma voix
> Et la brise me dit : « Je t'aime ! »
>
> J'embaume les lieux où je croîs,
> Et la rosée à mon front blème
> Met des perles — comme les rois
> N'en ont pas à leur diadème.
>
> Aux premiers chants du rossignol,
> Je laisse courir sur le sol
> Mes petites clochettes blanches
> Qui disent à l'enfant rêveur :
> « Les bourgeons étoilent les branches,
> Voici le *retour du bonheur !* »

A. Spinelli.

> Mon Dieu ! que Lise était jolie,
> Quand, l'an-passé,
> Sous les bois, dans l'herbe fleurie,
> Où la chercha mon cœur brisé,
> Cheveux au vent et voix rieuse,
> En fredonnant, libre et joyeuse,
> Elle cueillait
> Du muguet blanc, du blanc muguet !

Murier blanc : *Sagesse.*
— Noir : *Je ne vous survivrai pas.*
Myosotis : *Souvenez-vous de moi.*

Pour exprimer l'amour, ces fleurs semblent éclore !
Leur langage est un mot, mais il est plein d'appas !
Dans la main des amants elles disent encore :
Aimez-moi, ne m'oubliez pas !

Aimé Martin.

Sur mon front, — comme Marguerite, —
Je porte mon secret écrit ;
J'aime les étangs, et j'habite
Partout où l'eau se creuse un lit.

Ma fleur d'un bleu pâle, s'agite
Au moindre vent, au moindre bruit ;
Ma coupe d'or est si petite
Qu'une larme d'oiseau l'emplit.

Je n'ai ni parfum ni richesse,
Et, si près de moi l'on s'empresse,
Si l'on m'interroge tout bas,

C'est que ma corolle inquiète,
En songeant aux absents, répète
Ces trois mots : *ne m'oubliez pas !*

A. Spinelli.

Myrobolan : *Privation.*
Myrte : *Amour.*
Myrtile, raisin des bois : *Nouveauté, trahison.*

# N

Narcisse des poetes : *Egoïsme.*

Un adolescent, le beau Narcisse, est épris de sa beauté ; il se contemple, il n'aime que lui. En un certain jour, il vient à se mirer dans le cristal d'une fontaine, et, plus que jamais épris de lui-même, il meurt de langueur. Une main divine le transforma en la plante de son nom. Le narcisse a de quoi nous charmer par son odeur suave et sa jolie fleur blanche couronnée d'or à son centre.

> Sans doute à ta suave odeur,
> A ton éclat, à ta fraîcheur,
> Nous devons rendre un juste hommage ;
> Mais, satisfait de nous charmer,
> Si tu semblais moins t'aimer,
> On t'aimerait davantage.
>
> Constant DUBOS.

NÉFLIER : *Sombres réflexions.*
NÉMÉSIS FLEURIE : *Légèreté, folie.*
NÉMOPHILE : *Orgueil, amour-propre.*
NÉNUPHAR : *Froideur.*
NOISETIER : *Promenade sentimentale.*
NOMBRIL DE VÉNUS : *Amour clandestin.*
NOYER : *Religion.*
NYCTÈRE DE L'AMAZONE : *Courage dans le péril.*
NYMPHŒA LOTUS : *Éloquence.*

La fleur du nymphœa-lotus a joué un grand rôle chez les Egyptiens, qui l'avaient consacrée au soleil, dieu de l'éloquence. Les rois d'Egypte s'en faisaient des couronnes.

# O

ŒILLET : *Amour vif et pur.*

Le grand Condé aimait à le cultiver lui-même, ce qui fit dire à mademoiselle de Scudéry :

En voyant ces œillets qu'un illustre guerrier
Arrose d'une main qui gagne des batailles,
Souviens-toi qu'Apollon bâtissait des murailles,
Et ne t'étonne plus que Mars soit jardinier.

Œillet de dieu : *Amour divin.*
  —   de paris : *Coquetterie.*
  —   des poetes : *Gloire, vénération.*
  —   de plume : *Amour des lettres.*
  —   incarnat : *Réciprocité.*
  —   jaune : *Dédain.*
  —   mêlé : *Encouragement.*
  —   mignonette : *Amour filial.*
  —   ponceau : *Horreur.*
  —   rose : *Talent.*
  —   rouge : *Energie.*

Aimable œillet, c'est ton haleine
Qui charme et pénètre mes sens !
C'est toi qui verses dans la plaine
Ces parfums doux et ravissants !
Les esprits embaumés qu'exhale
La rose fraîche et matinale,
Pour moi sont moins délicieux ;
Et ton odeur suave et pure
Est un encens que la nature
Elève en tribut vers les cieux.

Constant Dubos.

Olivier : *Paix.*

Depuis la plus haute antiquité, les branches de l'olivier symbolisent la paix.

Lorsque l'on... aime, on préfère
En secret le myrthe au laurier ;
Or, le myrthe ne croît guère
Qu'à l'ombre de l'olivier.

DEMOUSTIERS.

OPHRISE ARAIGNÉE : *Adresse.*
— MOUCHE : *Erreur.*
ORANGER : *Générosité.*

J'admire l'Oranger comme un sublime don
Que le ciel inventa dans sa miséricorde,
Comme un de ces bienfaits que sa clémence accorde
A l'homme en signe de pardon.
De l'utile et du doux c'est l'union féconde ;
C'est le consolateur et l'ornement du monde.

Anatole DE MONTESQUIOU.

### La fleur d'oranger

Fleur d'oranger, fleur d'innocence,
Touffe neigeuse et fruit doré,
De moi, dans sa toute-puissance,
Dieu fit un symbole sacré.
Aussi de mes rameaux sans tache,
Sur son front pur tout en tremblant,
La jeune fiancée attache
Son voile blanc.

L. LALUYÉ.

OREILLE D'ANE : *Sentiment inaltérable.*
— D'OURSE : *Séduction.*
ORIGAN DICTAME : *Vous seule pouvez guérir mon cœur.*
ORMITHOGALE A OMBELLE OU BELLE D'ONZE HEURES : *Votre vue cause ma joie.*
— ÉPI DE LA VIERGE : *Pureté.*

Ortie : *Cruauté.*

> Je dois subir la destinée
> A laquelle on m'a condamnée
> Comme l'Epine et le Chardon.
> Ainsi que moi la Rose est née
> Pour défendre ou pour blesser
> La main qui cherche à l'offenser,
> Et cette fleur est pardonnée.

Anatole DE MONTESQUIOU.

Osier : *Franchise.*

Nous savons tous le proverbe : Franc comme l'osier, pour désigner un homme sincère. C'est dans ce sens que Voltaire a dit :

> Le fier et brave Montausier,
> Dont le cœur est franc comme osier.

Osmonde : *Rêverie.*
Oublie grande lunaire. *Oubli.*
Oxalis alleluia : *Joie.*

Chaque soir, cette fleur se ferme comme pour se reposer, et chaque matin elle reparait joyeuse.

# P

Paille brisée : *Rupture.*

PAILLE ENTIÈRE : *Union.*
PALMIER : *Victoire, constance dans l'adversité.*
PANCRAIN D'ILLYRIE : *Soupçon.*
PARIÉTAIRE : *Misanthropie.*
PARNASSIE : *Mésintelligence.*
PAS D'ANE OU TUSSILAGE : *Entêtement.*
PASSE-ROSE : *Plaisir doux et calme.*
PATIENCE : *Patience.*

Mademoiselle de Scudéry a dit : la Patience n'est pas la fleur des Français.

On peut en ce jardin cueillir la Patience,
De la prendre en amour je n'ai pas la science.

PASSERAT.

PAVOT : *Langueur.*
—     BLANC : *Sommeil du cœur :*
—     MÊLÉ : *Surprise.*
—     NOIR : *Léthargie.*
—     ROSE : *Vivacité.*
—     ROUGE : *Orgueil.*
—     SIMPLE : *Etourderie.*
PÊCHE ABRICOTIER : *Convoitise.*
—     ALBERGE JAUNE : *Tromperie amoureuse.*
—     BOURDINE : *Piété feinte.*
—     BRUGNON : *Brutalité.*
PÊCHE COMMUNE : *Bonté rustique.*
—     MADELEINE VIOLETTE : *Repentir, larmes d'a-mour.*
—     PAVI ROUGE DE POMPONNE : *Gaillardise.*
—     TÉTON DE VÉNUS : *Concupiscence, débauche.*
—     VIOLETTE : *Grandeur, honneur.*
PENSÉE OU FLEUR DE LA TRINITÉ : *Souvenir.*

Adieu, douce pensée,
Image du plaisir ;
Mon âme est trop blessée,
Tu ne peux la guérir !
L'espérance légère
De mon bonheur
Fut douce et passagère
Comme ta fleur.

Par toi ce que j'adore
Avait surpris mon cœur ;
Par toi veut-il encore
Egarer ma candeur ?
Son ivresse est passée,
Mais, en retour,
Qu'est-ce qu'une pensée
Pour tant d'amour !

Mme DESBORDES-VALMORE.

PERCE-NEIGE : *Consolation, heureux présage.*
PERSIL : *Festin.*

Dans l'antiquité, les convives se faisaient des couronnes de persil.

PERVENCHE : *Doux souvenirs.*
— DE MADAGASCAR : *Amitié éternelle.*
PEUPLIER BLANC : *Emploi du temps.*
— NOIR : *Courage.*
— TREMBLE : *Gémissements.*
PIED D'ALOUETTE : *Bienfaisance, amour du prochain.*
PIN : *Hardiesse.*
PISSENLIT : *Oracle.*

Ses fleurs s'ouvrent et se ferment à certaines heures, et selon le temps qu'il va faire ; il sert ainsi d'*oracle* aux habitants des campagnes.

Pivoine simple : *Honte.*
— DOUBLE : *Éclat.*
Platane : *Génie.*
Pluie d'or : *Avarice.*
Plunibago : *Bienfaisance.*
Poirier : *L'éducation a développé vos bonnes qualités.*
Pois de senteur : *Plaisir délicat.*

Ses fleurs sont grandes et belles ; son parfum est suave.

> Une superbe châtelaine,
> De son regard observateur,
> Parcourant un jour son domaine,
> S'approche du Pois de senteur,
> Le regarde avec un sourire,
> Craint de lui causer du chagrin
> En en détachant même un brin,
> Le touche, le flaire, l'admire,
> L'appelle un miracle des cieux,
> Ne peut en détourner ses yeux,
> Et comme à regret se retire
> En disant : « Il n'est rien de mieux. »

Anatole DE MONTESQUIOU.

Polémoine bleue : *Rupture.*
Polygala : *Ermitage.*
Pomme de terre : *Bienfaisance.*
Pommier (fleur de) : *Préférence.*

Cette fleur est charmante, et promet au normand ce beau fruit dont il fait sa boisson favorite : le *cidre.*

C'est toi, fils de la pomme, étincelant breuvage,
C'est toi qui sus jadis enflammer le courage

De ces fiers Neustriens, dont le bras indompté
Fit ployer Albion sous leur joug redouté...
Tu sais, en petillant sur la table enchantée,
Joindre à l'éclat de l'or une mousse argentée ;
La fièvre aux yeux ardents, que rallume le vin,
Abandonne sa proie à ton aspect divin.
L'arbre qui te produit n'occupe pas sans cesse
Les mains du laboureur autour de sa faiblesse :
Il se suffit lui-même, et ses bras vigoureux
Savent bien sans nos soins porter leurs fruits
[nombreux...
Salut, pommiers touffus qui couvrez la Neustrie !...

Castel.

**Primevère** : *Jeunesse.*

C'est la première fleur du printemps.

**Prunier** : *Tenez vos promesses.*
—     **Sauvage** : *Indépendance.*
**Prune abricotier** : *Bonté, obligeance.*
—     **Reine claude violette** : *Politesse, civilité.*
—     **De catherine** : *Respectez la vieillesse.*
—     **De damas blanc** : *Sobriété.*
—     **De monsieur** : *Bonne foi dans le commerce.*
—     **De reine claude** : *Justice, bonté.*
—     **Jaune hative** : *Tenez vos promesses.*
—     **Perdrigon rouge** : *Reconnaissance.*
—     **Précoce de tours** : *Confiance dans l'amitié.*
—     **Roche corbon** : *Amour de la patrie.*
—     **Sauvage ou prunelle** : *Indépendance.*
—     **Suisse** : *Discrétion.*
—     **Virginale** : *Piété filiale.*
**Pulmonaire blanche** ; *Constance.*
—     **Bleue** : *Sincérité.*
—     **Rouge** : *Amour violent.*

Pyramidale : *Orgueil.*
    —     bleue : *Constance.*
Pyrole a feuilles de poirier : *Duperie, infidélite.*

## Q

Quamoclit changeant : *Je suis sensible à vos peines.*
    —     écarlate : *Douceur de caractère.*
    —     jasmin de virginie : *Amabilité.*
    —     pourpre : *Bienfaisance.*
Quarantaine ou giroflée jaune double : *Beauté durable.*

> Que j'aime à voir la Giroflée
> Sur de vieux murs croître et fleurir ;
> L'aspect de la tige embaumée
> Me fait tressaillir de plaisir !
> Giroflée, au printemps,
> Viens orner la tourelle,
> Et que ta fleur nouvelle
> Ramène le beau temps !

Queue de lion : *Inconduite.*
    — de pourceau : *Bonheur champêtre.*
Quintefeuille : *Fille chérie.*

Pendant la pluie, les feuilles se penchent sur la fleur pour lui former un abri.

Quisquale de l'inde : *Majesté, puissance.*

# .R

RENONCULE : *Impatience.*

— ACRE OU BOUTON D'OR : *Danger des richesses.*

La fleur de cette plante est très-vénéneuse.

> Vois, mon fils, ce bouton charmant
> Que Zéphir berce de son aile ;
> Comme il étale, en s'inclinant,
> L'or dont sa corolle étincelle !...
> Ce joli bouton satiné,
> Qui sourit comme l'innocence,
> Recèle un suc empoisonné,
> Et souvent blesse l'imprudence.

CONSTANT DUBOS.

RENONCULE ASIATIQUE : *Vous êtes brillante d'attraits.*

— DES PRÉS : *Malice, besoin de nuire.*

— BOUTON D'ARGENT : *Avarice, méchanceté.*

— SCÉLÉRATE : *Ingratitude.*

RÉSÉDA dit AMOURETTE D'ÉGYPTE : *Vos qualités surpassent vos charmes.*

> Réséda, plante gracieuse,
> Dans ta corolle vaporeuse

Vient se bercer chaque brise du soir,
Son haleine que tu parfumes,
Sous tes fleurs glisse dans les brumes
Comme l'encens à travers l'encensoir.

ALEX. GUÉRIN.


ROMARIN : *Votre présence me ranime.*
RONCE : *Envie.*
ROQUETTE : *Je brûle.*
ROSE : *Beauté, fraîcheur.*


Quelle fraîcheur céleste et pure
Embellit ton brillant réveil,
Lorsque ton calice vermeil
S'ouvre et sourit à la nature.

. . . . . . . . . . .

De la beauté sois la parure :
Elle, elle a droit de te cueillir ;
Et toi seule peux embellir
Le chef-d'œuvre de la nature.

CONSTANT DUBOS.


— AGATHE : *Beauté sans parure.*
— ANTOINETTE : *Doux et éternel souvenir.*
— A CENT FEUILLES : *Grâces.*
— BLANCHE : *Silence, intérêt, innocence.*
— BLANCHE AVEC UNE ROUGE : *sympathie.*
— CAPUCINE : *Éclat.*


Vous dont la gloire est d'être belle,
D'un sexe aimable jeune fleur,
Prenez la Rose pour modèle ;
Son éclat naît de sa pudeur.

DE LAYRE.

Rose DE BENGALE : *Beauté, fraîcheur.*
— DES QUATRE SAISONS : *Beauté toujours nouvelle.*

> Vous vous fanez avec lenteur,
> Et de vos feuilles qu'on exprime
> S'échappe une eau dont la senteur
> Garde votre parfum sublime !

Étienne Arago.

— DESSÉCHÉE : *Plutôt mourir que de perdre
l'innocence.*
— DÉTACHÉE DE SA TIGE : *Rupture.*

> Aux autres fleurs de son jardin,
> Corinne préférait la rose ; Arthur
> Arthur (qu'un enfant est malin !)
> La coupe avant que d'être éclose !
> Et Corinne, loin d'en gémir,
> Comme on gémit en perdant ce qu'on aime,
> Lui dit : tu m'as enlevé le plaisir
> Que j'aurais pris, Arthur, à te l'offrir moi-même.

Zénaïde B.

— ÉPANOUIE : *Beauté passagère.*

> Hélas ! sa beauté passagère
> Naît et meurt presque au même instant !
> Ainsi s'éteint rapidement
> Tout ce qui brille sur la terre !

Constant Dubos.

Rose (une feuille de) : *Jamais je n'importune.*
— JAUNE : *Infidélité.*

Si jamais vous cessiez de m'aimer, mon amie,
Moi, qui jusqu'à la mort compte sur votre cœur,
Laissez-moi mon erreur
Pour me laisser la vie.

DEMOUSTIERS.

— MOUSSEUSE : *Amour, volupté.*
— MUSQUÉE : *Beauté capricieuse.*
— NAINE : *Chagrin de courte durée.*
— PANACHÉE : *Amour trahi.*
— POMPON : *Gentillesse.*
— SANS ÉPINES : *Confiance.*
— SIMPLE : *Simplicité, honneur virginal.*
— SIMPLE PURPURINE : *Vertu.*
— SIMPLE ROUGE : *Bonheur.*
— TRÉMIÈRE : *Fécondité.*

Nous ne pouvons achever ce qui a trait aux roses sans mettre sous les yeux de nos lecteurs la délicieuse pièce qui suit, due à la verve poétique du vieux Ronsard.

I

Mignonne, allons voir si la Rose,
Qui ce matin avait desclose
Sa robe de pourpre au soleil,
N'a point perdu cette vesprée
Les plis de sa robe pourprée,
Et son teint au vôtre pareil.

II

Las ! voyez comme en peu d'espace,
Mignonne, elle a dessus la place

Là, là, ses beautés laissé choir !
O vraiment marâtre nature !
Puisqu'une telle fleur ne dure
Que du matin jusque au soir.

### III

Or donc, écoutez-moi, mignonne :
Tandis que votre âge fleuronne
Dans sa plus verte nouveauté,
Cueillez, cueillez votre jeunesse ;
Comme à cette fleur, la vieillesse
Fera ternir votre beauté !

RONSARD.

ROSEAUX PLUMEUX : *Indiscrétion.*
ROSEAUX : *Musique.*
ROSIER : *Il y a tout à gagner avec la bonne compagnie.*
RUE DES JARDINS : *Mauvaise mère, marâtre.*
RUE SAUVAGE : *Mœurs.*
RUEILLIE ÉLASTIQUE : *Premier aveu.*
  —    MULTIFLORE : *Insouciance.*
  —    OVALE : *intrigante.*

# S

SABINE : *Dépit maternel, haine de la progéniture.*
SAFRAN : *N'abusez pas.*
SAINFOIN OSCILLANT : *Agitation.*

Salicaire : *Prétention.*
Sapin, il s'élève parfois à des hauteurs prodigieuses : *Elevation.*
Saponaire : *Amour voluptueux.*
Sardonie : *Ironie.*

Cette plante contient un poison qui fait contracter la bouche comme dans le *rire sardonique.*

Sauge : *Estime.*
Saule pleureur : *Mélancolie.*

Les enfants de Juda, captifs à Babylone, pleuraient et chantaient sous les saules.

Saule cher et sacré, le deuil est ton partage ;
Sois l'arbre des regrets et l'asile des pleurs ;
Tel qu'un fidèle ami, sous ton discret ombrage,
    Accueille et voile nos douleurs !

C. Dubos.

    Mes chers amis, quand je mourrai,
    Plantez un *saule* au cimetière ;
    J'aime son feuillage éploré,
    La pâleur m'en est douce et chère ;
    Et son ombre sera légère
    A la tombe où je dormirai.

A. de Musset.

Scabieuse : *Mystère, deuil.*
Sensitive : *Pudeur, sensibilité.*

La Sensitive semble craindre la main qui la touche, elle se replie et se referme ; si un nuage vient à passer devant le soleil, cette étonnante plante change aussitôt d'aspect.

Auprès de cette fleur pudique
On accourait de loin, pour voir si la chronique
Est bien exacte en son récit,
Pour faire les essais d'une audace perfide
Sur la mobilité timide
De ses tendres rameaux, quand la peur les saisit.
Elle ne reste pas longtemps évanouie :
De ses attraits perdus connaissant tout le prix,
Vite elle se remontre aux spectateurs surpris
Plus fraîche et plus épanouie.

Anatole de MONTESQUIOU.

SERINGAT : *Amour fraternel.*
—        ODORANT : *Mépris.*
SERPENTAIRE : *Horreur.*
SERPOLET : *Étourderie.*
SILIVIE : *Je veux vous aimer.*
SISTE : *Sûreté.*
SOLEIL : *Fausses richesses.*
SOUCI : *Peine, chagrin.*

Veuve de son amant, quand jadis Cythérée
Mêla ses pleurs au sang de son cher Adonis,
Du sang, naquit, dit-on, l'Anémone pourprée ;
Des pleurs naquirent les soucis,

C. DUBOS.

SOUCI PLUVIAL : *Présage.*

Il s'ouvre à sept heures et reste ouvert jusqu'à
quatre, si le temps doit être sec ; s'il ne s'ouvre
point ou s'il se ferme avant son heure, c'est signe
de pluie.

SOUCI RÉUNI AU CYPRÈS : *Désespoir.*
STRAMOINE : *Déguisement.*

Autrefois ses feuilles servaient aux déguisements du carnaval.

**Stylidier glanduleux** : *Jalousie.*
**Styphélie a trois fleurs** : *Souvenirs d'amour.*

> Quel doux parfum exhalent vos calices,
> Suaves fleurs qu'obtient un tendre amant !
> Oui, vous ferez pour toujours mes délices :
> Car de l'amour vous êtes un présent !

**Sycomore** : *Réserve.*
**Sylphium** : *Constance.*
**Symphorine** : *Gentillesse.*

# T

**Taget ou œillet d'inde** : *Désir d'amour.*
**Taminier** : *Soyez mon appui.*
**Thlaspi** : *Colère.*
**Thym** : *Activité.*

Son parfum fortifie l'esprit et le corps, aux vieillards il donne de la souplesse et de la vigueur.

> Thym, au suave parfum, toujours j'aime à vous voir.
> Et je demande à Dieu de bénir votre espoir.
> Vous répandez au loin des vapeurs enivrantes
> Que les plus grandes fleurs seraient fières d'avoir :

Mais on a de la peine à vous apercevoir,
Car vous êtes plus petit que toutes ces plantes.

Anatole de MONTESQUIOU.

**TILLEUL** : *Amour conjugal.*

Baucis devient tilleul, Philémon devient chêne,
On les va voir encor, afin de mériter
Les douceurs qu'en hymen amour leur fit goûter ;
Ils courbent sous le poids des offrandes sans nombre
Pour peu que des époux séjournent sous leur ombre,
Ils s'aiment jusqu'au bout, malgré l'effort des ans !

LA FONTAINE.

**TOURNESOL** : *Intrigue.*
   —     EN DRAPEAU : *Astuce.*
**TOXICODENDRON**, plante vénéneuse : *Empoisonnement.*
**TREMELLE-NOSTOC** : *Résistance.*
**TROENE**, sert à faire les haies : *Défense.*
**TRUFFE** : *Surprise.*
**TUBÉREUSE**, son odeur est exquise, enivrante :
       *Volupté.*
   —     DOUBLE : *Indifférence.*
**TULIPE** SIMPLE : *Déclaration, chasteté.*
   —     DOUBLE : *Amitié constante, honnêteté.*
   —     DE CELS : *On vous rendra justice.*
   —     DES FLEURISTES : *Plaisirs champêtres.*
   —     DE L'ÉCLUSE, ses fleurs sont blanches :
       *Vertus enfantines.*
   —     DRAGONNE : *Folie furieuse.*
   —     SAUVAGE : *Je vous déteste.*

Oui, je suis la tulipe, une fleur de Hollande,
Et telle est ma beauté, que l'avare Flamand

Paye un de mes oignons plus cher qu'un diamant,
Si mes fonds sont bien durs, si je suis droite et grande,
Mon air est féodal, et comme une Yolande.
Dans sa jupe à longs plis étoffée amplement,
Je porte des blasons peints sur mon vêtement,
Gueule, fascé d'argent, or avec pourpre en bandes.
Le jardinier divin a filé de ses doigts
Les rayons du soleil et la pourpre des rois,
Pour me faire une robe à trame douce et fine.
Nulle fleur du jardin n'égale ma splendeur,
Mais la nature, hélas ! n'a pas versé d'odeur
Dans mon calice fait comme un vase de Chine.

H. de Balzac.

# U

Ulex ou jonc marin : *Gentillesse.*
— népaule : *Beauté sans fard.*
Ulmus ou orme : *Utilité.*
— d'amérique : *Mise décente.*
— panaché : *Fatuité.*
— Subéreux (écorce crevassée) : *Vétusté.*
Ulmus Tortillard (contourné) : *Commerce agréable.*

  Tu t'élèves avec fierté,
 Et moi, déjà sous les ans je succombe ;
Je dormirai sans doute dans la tombe,
  Quand tu seras dans ta beauté !...
  Sous ton arbre, tranquille Ormeau,
Je trouverai le calme après l'orage ;

Et puisse un jour ton front fraternel ombrage
Couvrir mon paisible tombeau!

C. Dubos.

Uvulaire de la Chine : *Idolâtrie.*

Ses fleurs pendantes sont d'un rouge-brun.

# V

Valériane, croît partout facilement : *Facilité.*
Véronique, il existe beaucoup de variétés : *Fi-
délité.*
Verveine : *Enchantement.*

Chez les druides et chez les Grecs, c'était l'*herbe
sacrée.*

Vigne : *Ivresse.*

On se rappelle que le premier qui planta la Vigne
fut Noë qui ignorant la vertu de son fruit, tomba
dans un état d'ivresse après en avoir fait usage.
Aussi chez les païens, la Vigne était-elle consacrée
à Bacchus, le dieu du vin.

Le nectar de mes fruits sait plaire,
On dit que j'égare parfois,
Mais j'en doute, et même je crois
Que je suis toujours salutaire
Aux esprits qui suivent mes lois.

4.

Si vous interrogez l'automne,
Elle vantera mon nectar
Et tous les plaisirs que je donne
Au jeune homme ainsi qu'au vieillard.

Anatole de MONTESQUIOU.


VILGILIER : *Adoption.*

Cet arbre a été récemment importé en France et adopté pour l'ornement des jardins.

VIOLETTE : *Modestie, mérite caché.*

O fille du printemps! douce et touchante image
D'un cœur modeste et vertueux,
Du sein de ces gazons tu remplis le bocage
De tes parfums délicieux!
Que j'aime à te chercher sous l'épaisse verdure
Où tu crois fuir mes regards et le jour!

Madame BEAUFORT D'HAUTPOUL.

- BLANCHE : *Candeur, innocence.*
- BRUMEAU OU TRICOLORE : *Votre simplicité me plait.*
- DOUBLE : *Amitié réciproque.*
- PALMÉE : *J'aime votre modestie.*
- DE PARME : *Laissez-moi vous aimer.*
- ROUGE : *Je fuis la louange.*
- VIOLET CLAIR : *Laissez-moi mon obscurité.*
- PANACHÉE : *Mélancolie.*

Les violettes ont inspiré tous les poëtes, nous avons choisi pour les présenter à nos lecteurs, les passages les plus remarquables inspirés par cette charmante petite fleur si humble et au parfum si suave.

Aimable fille du printemps,
Timide amante des bocages,
Ton doux parfum charme mes sens,
Et tu sembles fuir mes hommages.

Semblable au bienfaiteur discret
Dont la main secourt l'indigence,
Tu nous présentes le bienfait
Et tu crains la reconnaissance.

Dans tes solitaires bosquets
Reste, violette chérie ;
Heureux qui répand des bienfaits
Et comme toi cache sa vie,

Dubos.

L'obscure violette, amante des gazons,
Aux pleurs de la rosée entremêlant ses dons,
Semble vouloir cacher sous leurs voiles propices
D'un prodigue parfum les discrètes délices !
C'est l'emblème d'un cœur qui répand en secret
Sur le malheur timide un modeste bienfait.

Boisjolin.

Franche d'ambition, je me cache sous l'herbe,
Modeste en ma couleur, modeste en mon séjour ;
Mais si sur votre front je puis me voir un jour,
La plus humble des fleurs sera la plus superbe.

Desmarais.

Sur la trace de ma bergère,
Naissez, croissez, aimables fleurs ;
Puisque Laurette vous préfère,
La Rose a perdu ses honneurs.

Béranger.

Viorne laurier-thym : *Je meurs si on me néglige.*

Cet arbuste demande des soins assidus.

Vipérine : *Justice.*
Volcamier : *Acceptez mon cœur.*
Volubilis : *Caresses.*

De nos bosquets aimable souveraine,
        Fleur que choisit la volupté,
Croise les nœuds de ta flexible chaîne
        Sur ce berceau que j'ai planté.
Étends sur lui ton caressant feuillage,
Et par tes fleurs ajoute tous les jours
        A ce riant et pur ombrage
        Que je réserve à mes amours.

J. Baget.

# W

Wachendorf, grandes fleurs jaunes : *Dépit.*
—            graminée : *Brouille, fâcherie.*
Watsonia rose : *Trahison.*
Westringie : *Ruses, intrigues.*
Witsénie, en corymbe : *Méfiance.*

La fleur de cette plante a une longue durée.

Witsénie (grande) : *Crainte motivée.*

# X

Xantochyme, ou Arbre des teinturiers : *Orgueil.*
Xéranthème, ou Immortelle : *Constance éternelle.*

O toi que l'amitié fidèle
Réclame pour son attribut,
Fleur simple et durable comme elle,
Préside aux accords de mon luth !
Symbole heureux de la constance,
Quand je chante, inspire-moi ;
Et puisse, pour ma récompense,
Mes vers durer autant que toi !

C. Dubos.

Ximénésie, plante à fleurs jaunes : *Tentation.*
Xipride, plante de l'Inde à fleurs blanches : *Union parfaite.*
Xylophille, arbrisseau à fleurs rouges : *Amour maternel.*

Ses feuilles sont allongées en faulx, aussi l'appelle-t-on *Xylophylle en faulx.*

# Y

Yèble, ou Sureau commun : *Vous me consolez de toutes mes peines.*

Cette plante, très-commune, fleurit au mois de juin, on lui attribue de grandes vertus médicinales.

Yèble du Canada : *Ennui, sottise.*
— a grappes : *Caquet, bavardage.*
Yeuse, voyez Chêne.
Ypreau, ou Faux tremble, sorte de peuplier : *Poltronnerie.*
Yuban, ou Magnolier : *Vous êtes belle et bonne.*

Ses fleurs blanches sont bordées de carmin.

Yucca, ou Glorieuse : *Goût des voyages lointains.*

C'est un grand arbuste d'ornement, semblable aux palmiers, et dont la hauteur est de deux mètres; sa tige supporte quelquefois jusqu'à deux cents fleurs.

# Z

ZAMIA HORRIBLE : *Horreur.*

Cette plante, originaire d'Afrique, a un aspect des plus singuliers.

— CICADIFOLIA : *Attaque nocturne.*
— NAIN DU CAP : *Mort d'un ami intime.*
— EN SPIRALE DE LA NOUVELLE HOLLANDE : *Mépris public.*
ZANTORRHIZE A FEUILLES DE PERSIL : *Douce espérance.*
ZÉPHYRANTE à fleurs rose foncé : *Veuvage.*
— à fleurs roses au sommet : *Jeunesse.*
ZIÉRIC TRIFOLIÉ : *Amitié fidèle.*

Ses fleurs sont petites, roses et blanches.

ZIGOPHYLLUM OU FAGABELLE : *Amour fraternel.*

Ses fleurs sont rouges et disposées en épis.

ZINNIA, plante à fleurs jaunes ou rouges : *Faux éclat.*
ZIZIPHUS OU JUJUBIER : *Désir.*

Ses fleurs sont jaunes et ses branches garnies d'épines.

Ziziphus de Chine : *Maladie, fièvre.*

Ses tiges sont grêles.

Ziziphus sativa : *Dessein de ruine.*

Branches et fruits rouges.

Ziziphus lotus, à fruits jaunes : *Discorde, querelles*
Zoégéa ou Zoégée d'Orient : *Jalousie, mauvais
ménage.*

—      —      *Amour clandestin.*

Cette plante a des fleurs jaunes.

## Boussole des champs et des jardins

Dans la tige d'un arbre on distingue toujours deux couches : l'*aubier*, ou bois tendre, qui est le plus superficiel, et le *cœur* du bois, plus dur, plus compact et qui occupe le centre.

Si l'on vient à examiner l'épaisseur de chacune de ces couches, on pourra s'assurer qu'elles offrent une épaisseur plus considérable du côté de l'arbre qui regarde le midi ; du côté du nord, elles sont sensiblement plus minces, ce qui, tout en indiquant l'influence heureuse du soleil sur la végétation, permettrait d'affirmer sans crainte de se tromper de quel côté est le nord, si on était dans la nécessité de recourir à ce moyen pour s'orienter.

On a remarqué également que la mousse ne se développe pas avec autant de rapidité sur le côté de l'arbre exposé au midi que sur celui qui est tourné vers le nord. Ainsi, sur les jeunes arbres, l'écorce ne se recouvre de mousse que du côté du nord ; c'est sur le même côté qu'elle offre le plus d'épaisseur sur les vieux arbres.

# L'âge des plantes

Tous les ans, une nouvelle couche de bois vient s'ajouter à celles qui existaient antérieurement, et comme toutes ces couches sont parfaitement distinctes les unes des autres, il suffit, lorsqu'on veut connaitre l'âge d'un arbre, de compter le nombre de couches depuis la moelle jusqu'à l'écorce, il y aura autant de couches que l'arbre compte d'années d'existence. Il en est de même pour les branches.

Ce procédé est connu et mis en usage depuis bien longtemps par les ouvriers qui travaillent le bois. Michel Montaigne, voyageant en Italie en 1581, fut mis au courant de cette particularité : « J'achetai, dit-il, une canne d'Inde... L'artiste, homme habile et renommé pour la fabrique des instruments de mathématiques, m'apprit que tous les arbres ont intérieurement autant de cercles et de tours qu'ils ont d'années. Il me les fit voir à toutes les espèces de bois qu'il avait dans sa boutique, car il est menuisier. La partie du bois tournée vers le septentrion ou le nord est plus étroite, a les cercles plus serrés et plus épais que l'autre ; ainsi, quelque bois qu'on lui porte, il se vante de pouvoir juger quel âge avait l'arbre et dans quelle situation il était. »

# Horloge des fleurs

Parmi beaucoup d'autres mouvements curieux exécutés par les fleurs, il convient de remarquer celui qu'elles exercent à *heures fixes* pour s'épanouir, c'est sur cette propriété qu'on s'est basé pour établir l'HORLOGE DE FLORE.

« L'aimable lampsane, la belle nymphæa et la brillante calendula, suivent d'un œil attentif le mouvement diurne de la terre sous le soleil. Elles marquent sa situation, son inclinaison, ses divers climats, et, par un art imitatif, elles indiquent la marche du temps. Elles attachent une chaîne magique autour de son pied léger, comptent les vibrations rapides de son aile, et donne le premier modèle de cet instrument merveilleux qui calcule et divise l'année (DARWIN). »

| Heures. | Fleurs qui s'épanouissent aux heures indiquées. |
| --- | --- |
| MINUIT . . . . | *Cactus à grandes fleurs.* |
| UNE HEURE . . | *Laceron de Laponie.* |
| DEUX HEURES . | *Salsifis jaune.* |
| TROIS HEURES . | *Barbe de bouc.* |
| QUATRE HEURES | *Cripide des toits.* |
| CINQ HEURES. . | *Pissenlit. — Liseron.* |
| SIX HEURES . . | *Scorsonére des murs.* |
| SEPT HEURES. . | *Laitron. — Souci d'Afrique.* |
| HUIT HEURES. . | *Mouron rouge. — Œillet prolifère.* |

NEUF HEURES .    *Souci des champs.*
DIX HEURES . .    *Ficoïde napolitaine. — Pourpre des jardins.*
ONZE HEURES .    *Dame d'onze heures.*
MIDI. . . . . .    *Ficoïde glaciale.*
UNE HEURE . .    *Pourpier.*
DEUX HEURES .    *Éperviére.*
TROIS HEURES .    *Pulmonaire. — Léontodons.*
QUATRE HEURES    *Hyacinthe. — Alysse.*
CINQ HEURES. .    *Belle de nuit.*
SIX HEURES . .    *Géranium triste.*
SEPT HEURES .    *Pavot à tige nue.*
HUIT HEURES .    *Liseron droit.*
NEUF HEURES .    *Cactus. — Liseron linéaire.*
DIX HEURES. .    *Hipomée pourpre.*
ONZE HEURES .    *Silène fleur de nuit.*

Un certain nombre de fleurs ne s'ouvrent que la nuit. Parmi elles, la plus remarquable est le CIERGE A GRANDE FLEUR, originaire du Mexique et de la Jamaïque. Sa fleur est magnifique, elle s'épanouit au coucher du soleil en embaumant l'air qui l'entoure, puis elle se fane avant l'aurore et ne reparaît plus. On a vu un Cierge à grande fleur s'épanouir chez un jardinier du faubourg Saint-Antoine, le 15 juillet, à sept heures du soir, pendant quatre ans de suite.

Les BELLES DE NUIT, l'ONAGRE, les GLAIEULS, les SILÈNES et le JASMIN D'ARABIE, ne s'épanouissent et n'exhalent de parfums que pendant la nuit.

# Calendrier de Flore

Dans le calendrier de Flore, chaque mois est représenté par sa fleur favorite :

JANVIER . . . . . . *Rose de Noël. — Safran.*
FÉVRIER . . . . . . *Galanthine. — Perce-Neige. — Violette de Parme.*
MARS . . . . . . . *Anémone sylvie. — Paquerette.*
AVRIL . . . . . . . *Lilas. — Narcisse. — Tulipes.*
MAI . . . . . . . . *Giroflée quarantaine.*
JUIN . . . . . . . . *Capucine. — Glaïeuls. — Digitale pourprée.*
JUILLET . . . . . . *Soleil tournesol. — Scabieuse.*
AOUT . . . . . . . *Jonc fleuri. — Balsamine double,*
SEPTEMBRE . . . . *Campanule pyramidale. — Dahlias.*
OCTOBRE . . . . . *Reine-Marguerite. — Muflier.*
NOVEMBRE . . . . *Cobœa. — Capucine des Canaries.*
DÉCEMBRE . . . . *Jacinthe romaine blanche.*

## Semaine de Flore

Certaines fleurs s'épanouissant de préférence un jour de la semaine, on s'est basé sur cette particularité pour établir la *semaine de Flore* dans la disposition suivante :

LUNDI . . . . . . . *Baguenaudier.*
MARDI . . . . . . . *Boule de neige.*
MERCREDI . . . . *Épine-vinette.*
JEUDI. . . . . . . . *Lilas.*
VENDREDI . . . . *Cyprès.*
SAMEDI. . . . . . *Jonquille.*
DIMANCHE . . . . *Giroflée.*

# Baromètre de Flore

Un assez grand nombre de plantes changent d'aspect selon les variations du temps et selon les changements de température. L'approche de la pluie, la sécheresse donnent à quelques-unes d'entre elles un aspect particulier qui n'échappe pas à l'observateur et qui a servi à faire une sorte de *baromètre*, que nous appellerons volontiers BAROMÈTRE DE FLORE :

ORAGE : L'*Alleluia* dresse ses rameaux ; le *Pissenlit* ferme ses feuilles.

PLUIE : Le *Souci pluvial* ne s'ouvre pas le matin ; la *Laitue* s'épanouit.

BEAU TEMPS : Le *Népenthes* ferme ses urnes et dresse ses rameaux.

BEAU TEMPS LE LENDEMAIN : Lorsqu'il doit faire beau le lendemain, on peut être certain que le *Laitron de Sibérie* reste ouvert toute la nuit.

# Le sommeil des fleurs

Voyez ainsi que nous, sur leurs tiges baissées
S'assoupir de ces fleurs les têtes affaissées
Et, dormant au lieu même où veilleront leurs sœurs,
Des nocturnes repos savourer les douceurs.
Voyez comment l'instinct qui gouverne les plantes,
Assigne à leur réveil des heures différentes :
L'une s'ouvre la nuit, l'autre s'ouvre le jour ;
Du soir ou du midi, l'autre attend le retour.
Je vois avec plaisir cette horloge vivante ;
Ce n'est plus ce contour où l'aiguille mouvante
Chemine tristement le long d'un triste mur ;
C'est un cadran semé d'or, de pourpre et d'azur
Où, d'un air plus riant, en robe diaprée,
Les filles du printemps mesurant la durée,
En nous marquant les jours, les heures, les instants,
Dans un cercle de fleurs ont enchaîné le temps.

Delille.

On a donné le nom de *Sommeil des fleurs* à cette habitude, particulière à beaucoup d'entre elles et qui consiste à se courber sur leur tige et à contracter leur corolle lorsque la lumière du soleil leur fait défaut et comme si elles craignaient les ténèbres. Ce mouvement des fleurs a pour but de mettre à l'abri du froid de la nuit les organes délicats que renferme la fleur, organes qui ont pour mission de produire le fruit et la graine. Au reste, un grand nombre de fleurs suivent le soleil dans sa course, c'est-à-dire qu'elles présentent toujours leur face du côté de cet astre. Nous citerons particulièrement l'*Hélianthe annuel* ou *Soleil* dont le plateau floréal est tourné le matin vers l'Orient, le midi vers le Midi et qui le soir regarde l'Occident.

« Lorsque le soir on entre dans une prairie en regardant le couchant, on n'y voit que fort peu de fleurs, parce qu'elles sont toutes tournées vers le soleil couchant ; au contraire, si l'on regarde du côté opposé, on voit la prairie briller de l'éclat de mille et mille corolles. De même, lorsque, de grand matin, l'on se dirige vers la prairie en regardant l'Occident, on n'y aperçoit pas de fleurs, parce qu'elles sont restées inclinées du côté où le soleil s'est couché ; mais on les verra se retourner vers l'Orient à mesure que le soleil s'élèvera sur l'horizon.

« Hegel. »

# L'artillerie de Flore

Entre autres phénomènes qui se manifestent chez les fleurs, il n'est pas sans intérêt de signaler l'explosion que produisent quelques-unes d'entre elles.

La *Balsamine n'y touchez pas*, lorsque ses fruits sont parvenus à maturité, fait explosion au moindre contact et projette au loin ses graines en faisant entendre une petite détonation.

Sous l'influence du plus léger attouchement, l'*œnothère* lance au loin son pollen.

Lorsqu'on observe attentivement, au moyen du microscope, une feuille de *Caladium*, on remarque des petits tubes semblables à autant de canons qui, sous l'influence du soleil, lancent, en faisant entendre une petite détonation, des petites aiguilles blanches et transparentes.

« Chaque fois que l'explosion a lieu, dit M. Jules Macé, on remarque dans le tube un mouvement de recul, comme celui qu'on ressent lorsqu'on décharge une arme à feu. Les feuilles desséchées de caladium ne perdent pas cette propriété ; il suffit, pour la rappeler, de les plonger un instant dans l'eau bouillante. »

## Les fleurs animées

Parmi les fleurs, quelques-unes paraissent douées de sensibilité, nous citerons les plus remarquables.

La *Dionée attrape-mouche*, originaire de l'Amérique du Sud, a des feuilles divisées en deux lobes, recouverts de cils raides et pointus. La surface est couverte d'un enduit sucré qui attire les mouches; mais, aussitôt que l'un de ces insectes vient pour puiser sa nourriture, les deux lobes de la feuille se ferment l'un sur l'autre, comme mus par un ressort puissant, et le petit insecte est transpercé par les cils qui se croisent.

Castel consacre à la Dionée attrape-mouche les vers suivants :

J'admire le réseau, fatal aux moucherons,
Qu'un insecte suspend autour de nos maisons;
Mais le fil aminci de l'agile araignée
A-t-il jamais atteint l'art de la dionée?
Sa feuille en embuscade au milieu des marais
Cache sous un miel pur la pointe de ses traits;
D'un perfide ressort elle est encore armée :
Le piége au moindre tact de la mouche affamée,
Se ferme; plus d'issue, et l'insecte imprudent,
Percé des deux côtés, expire en bourdonnant.

Les folioles de la *Desmodée oscillante* ou *Sainfoin oscillant* sont animées de mouvements continuels que n'interrompent ni la pluie, ni le mauvais temps.

La fleur la plus remarquable au point de vue de la sensibilité est la *Sensitive* ou *Mimosa pudica*. Le choc le plus léger, le moindre nuage qui obscurcit le soleil, suffisent pour faire incliner vers le sol toutes les parties de cette charmante petite plante.

« Descendez, dit Darwin à propos de la sensitive, descendez, chœurs aériens, sylphes qui voltigez sur nos têtes, et de vos doigts délicats touchez vos lyres d'argent ; gnômes, rassemblez-vous sur l'herbe, imprimez-y vos anneaux mystiques, et que vos pas cadencés s'accordent avec la musique céleste ; tandis que sur un chalumeau je chante, avec une mélodie douce, les espérances riantes et les pensées amoureuses de la prairie.

« Sans cesse agitée par la délicatesse de ses organes et par son exquise sensibilité, la chaste Mimosa redoute le plus léger attouchement. Elle est alarmée lorsqu'un nuage passager lui dérobe les rayons du soleil. Au moindre vent, elle frémit et s'enfuit par la crainte de l'orage. A l'approche de la nuit, elle abaisse ses paupières, et, lorsqu'un sommeil paisible a rafraîchi ses charmes, elle s'éveille et salue l'aurore. Fidèle aux mœurs de l'Orient, mêlant la gaieté à la décence et la modestie à la fierté, elle se couvre d'un voile, s'avance vers la mosquée, et s'engage à l'époux qui la reconnaît pour la reine de son sérail. Ainsi s'élève ou s'abaisse aux moindres variations de l'atmosphère, le fluide argenté contenu dans un tube de cristal. »

## Symbolisme des couleurs

Il ne nous est pas possible d'énumérer ici toutes les couleurs, le nombre en est infini, on peut en juger par le choix des nuances qui existent pour les laines employées à la manufacture des Gobelins, où on en compte 28,000 parfaitement distinctes les unes des autres. Nous ne donnerons ici que le symbole des principales couleurs.

Les couleurs primitives sont au nombre de sept, en voici le tableau avec leur symbolisme :

VIOLET : *Courtoisie. — Galanterie.*
INDIGO : *Sagesse. — Sentiments élevés.*
BLEU : *Pureté d'âme. — Piété.*
VERT : *Espérance.*
JAUNE, *Infidélité*; autrefois : *Gloire.*
ORANGE : *Inconstance. — Amour de la gloire.*
ROUGE : *Amour. — Ardeur. — Pudeur.*

Toutes les autres couleurs n'étant que le résultat du mélange des premières ne constituent que des nuances, voici les principales :

BLANC : *Innocence. — Pureté. — Candeur. — Bonne foi. — Naïveté. — Joie.*
BRUN FONCÉ : *Chagrin profond.*
GRIS : *Mélancolie. — Douleur calme.*

Jaune et vert : *Méchanceté.* — *Ruse.*

Lilas : *Amour pur.*

Noir : *Mort.* — *Deuil.* — *Tristesse.*

Or : *Luxe.* — *Richesse.* — *Toilette somptueuse.*

Pourpre : *Puissance suprême.*

Rose : *Amour.* — *Beauté* — *Jeunesse.* — *Tendresse.*

Rouge écarlate : *Prudence.*

Rouge et violet : *Confusion.* — *Trouble.*

Violet, vert et jaune : *Succès.*

# Saisons

PRINTEMPS : *Vert.*
ETÉ : *Rouge.*
AUTOMNE : *Bleu.*
HIVER : *Noir.*

# Table méthodique du symbolisme des plantes et des fleurs

## A

ABANDON : *Anémone.*
ABONDANCE : *Epi de froment.*
ABSENCE : *Absinthe.*
ACCEPTEZ MON CŒUR : *Volcamier du Japon.*
ACCORD : *Alisier.*
ACTIVITÉ : *Thym.*
ADRESSE : *Orphise araignée.*
ADOPTION : *Vilgilier.*
AFFABILITÉ : *Bon-Henri.*
AGITATION : *Sainfoin oscillant.*
AGRÉMENT : *Fleurs de pêcher.*
AIGREUR : *Epine-vinette.* — *Coca.*
A JAMAIS : *Immortelle.*
ALARME D'UN CŒUR SENSIBLE : *Belle de nuit.*
AMABILITÉ : *Jasmin blanc.* — *Quamoclit-Jasmin de Virginie.* — *Ulmus fauve.*
AMÉNITÉ D'UN CŒUR SENSIBLE : *Fuchsia évélina.*
AMERTUME : *Absinthe.* — *Fumeterre.*
AMITIÉ : *Lierre.*
AMITIÉ CONSTANTE : *Tulipe double.*
AMITIÉ ÉTERNELLE : *Pervenche de Madagascar.*

AMITIÉ FIDÈLE : *Liéric trifoliée. — Attriplex.*
AMITIÉ RÉCIPROQUE : *Violette double.*
AMOUR : *Myrte.*
AMOUR CACHÉ : *Clandestine.*
AMOUR CLANDESTIN : *Amarella. — Nombril de Vénus.*
AMOUR CONJUGAL : *Tilleul.*
AMOUR DE LA PATRIE : *Prune Roche-Corbon.*
AMOUR DES LETTRES : *Œillet de plume.*
AMOUR DIVIN : *Œillet de Dieu.*
AMOUR DU PROCHAIN : *Pied d'alouette.*
AMOUR FILIAL : *Œillet mignonnette.*
AMOUR FRATERNEL : *Seringat. — Zigophillum.*
AMOUR HUMBLE ET MALHEUREUX : *Foulsapate.*
AMOUR IDÉAL : *King ou Cinéraire.*
AMOUR MATERNEL : *Xylophyle. — Mousse.*
AMOUR PATERNEL : *Eupatoire.*
AMOUR PLATONIQUE : *Acacia.*
AMOUR PROPRE : *Némophile.*
AMOUR TRAHI : *Rose panachée.*
AMOUR VIF ET PUR : *Œillet.*
AMOUR VIOLENT : *Pulmonaire rouge.*
AMOUR VOLUPTUEUX : *Saponaire.*
AMOURETTES : *Amaryllis.*
AMOUREUSE LANGUEUR : *Barbeau des jardins.*
AMUSEMENT FRIVOLE : *Baguenaudier.*
ARDEUR : *Balsamine rouge. — Gouet commun. — Iris blanc.*
ARRIÈRE-PENSÉE : *Aster.*
ARTIFICE : *Clématite. — Crapaudine.*
ARTS (Culte des) : *Acanthe.*
ASTUCE : *Tournesol en drapeau.*
ATTACHEMENT : *Campanule.*
ATTAQUE NOCTURNE : *Zamia cicadifolia.*
AUDACE : *Mélèze.*

Austérité : *Chardon.*
Asile : *Genévrier commun.*

# B

Beauté : *Rose.*
Beauté capricieuse : *Rose musquée.*
Beauté durable : *Giroflée des jardins.*
Beauté passagère : *Rose épanouie.*
Beauté naissante : *Bouton de rose.*
Beauté qui s'ignore : *Kitaibèle.*
Beauté sans bonté : *Morelle Cerisette.*
Beauté sans fard : *Népaule.*
Beauté sans parure : *Rose agathe.*
Beauté toujours nouvelle : *Rose des quatre saisons.*
Bassesse : *Cuscute.*
Bavardage : *Clochette.*
Bienfaisance : *Guimauve. — Pomme de terre. — Pied d'alouette. — Quamoclit pourpré.*
Bonne éducation : *Cerisier.*
Bonne foi dans le commerce : *Prune de monsieur.*
Bonne intelligence : *Alisier.*
Bonheur : *Armoise commune.*
Bonheur de vous revoir : *Julienne double.*
Bonheur d'un instant : *Ephémérine de Virginie.*
Bonheur champêtre : *Queue de pourceau.*
Bonté : *Bon Henri. — Prune abricotée.*
Bonté parfaite : *Fraise.*

BONTÉ RUSTIQUE : *Pêche commune.*
BROUILLE : *Wachendorf graminée.*
BRUSQUERIE : *Bourrache.* — *Bétoine.*
BRUTALITÉ : *Brugnon.*

# C

CALOMNIE : *Boule de neige.* — *Garance.*
CANDEUR : *Anémone.* — *Laurier blanc.* — *Lis superbe.*
CAPRICE : *Géranium citron.*
CAQUET : *Clochette.* — *Yèble à grappes.*
CARACTÈRE CONTRARIANT : *Mézéréum.*
CARESSES : *Volubilis.*
CAUSTICITÉ : *Géranium musqué.* — *Dentelaire.*
CALME : *Ményanthe.*
CHALEUR DE SENTIMENT : *Menthe poivrée.*
CHAGRIN DE COURTE DURÉE : *Rose naine.*
CHAGRINS : *Aloès.* — *Souci.*
CHAINE D'AMOUR : *Guirlande de fleurs.*
CHANGEMENT DE POSITION : *Ellébore.*
CHARMES : *Fleurs d'abricot.*
CHARMES DU MONDE : *Carthame.*
CHASTETÉ : *Fleurs d'oranger.*
CŒUR INNOCENT : *Bouton de rose.*
COMMERCE AGRÉABLE : *Ulmus tortillard.*
COLÈRE : *Thlaspi.*
CONFIANCE : *Hépatique.* — *Iris bleu.* — *Rose sans épines.*
CONFIANCE DANS L'AMITIÉ : *Prune précoce de Tours.*

Confiance imprudente : *Anémone hépatique.*
Consolation : *Coquelicot. — Perce neige.*
Constance : *Amarante. — Pulmonaire blanche.
— Pyramide bleue. — Sylphium amplexicaule.*
Constance éternelle : *Xéranthème ou immortelle.*
Constance idéale : *Fleurs de Simon.*
Concupiscence : *Pêche téton de Vénus.*
Convoitise : *Pêche abricotée.*
Coquetterie : *Asclepias. — Belle de jour. —
Bonne dame ou Arroche. — Lauréole.*
Courage : *Peuplier noir. — Arrête-bœuf.*
Courage dans le péril : *Nyctère.*
Crainte motivée : *Witsénie (grande).*
Critique : *Momordique.*
Cruauté : *Ortie.*

# D

Danger des richesses : *Renoncule âcre ou Bouton d'or.*
Débauches : *Ambroisie.*
Déceptions galantes : *Amaryllis.*
Déclaration : *Tulipe simple.*
Déclaration de guerre : *Belvédère.*
Dédain : *Œillet jaune.*
Défaut : *Jusquiame.*
Défense : *Troëne.*
Déguisement : *Stramoine.*
Délicatesse : *Bleuet. — Gesse odorante.*
Délivrance : *Aneth.*
Dépit : *Wachendorf.*

Dépit maternel : *Sabine.*
Désespoir : *Laurier d'Espagne.* — *Souci* réuni au *Cyprès.*
Désirs : *Azerole.* — *Jonquille.* — *Ziziphus* ou *Jujubier.*
Désirs d'amour : *Taget* ou *Œillet d'Inde.*
Désir de correspondre : *Citronnier.*
Dessin de ruine : *Ziziphus* dit *Sativa.*
Deuil : *Cyprès.*
Dévouement : *Agrimoine.*
Difficulté : *Epines noires.*
Dignité : *Girofle.*
Discorde : *Ziziphus lotus.*
Discrétion : *Capillaire.* — *Prune suisse.*
Dissimulation : *Astrame.*
Distraction : *Cresson.*
Docilité : *Jonc des champs.*
Douce espérance : *Zanthorrize.*
Douceur de caractère : *Quamoclit écarlate.*
Douceur enfantine : *Avelinier.*
Douleur : *Aloès.* — *Citronnelle.*
Douleur d'amour : *Fleurs de la passion.*
Doux souvenir : *Pervenche.*
Doux et éternel souvenir : *Rose Antoinette.*
Duperie : *Pyrole.*
Durée : *Cornouiller sauvage.*
Durée de sentiments : *Cyclamen.*

# E

Eclat : *Doronie.* — *Pivoine double.*

Economie : *Érable.*
Egoisme : *Narcisse des poëtes.*
Elégance : *Kennedie couchée.*
Elévation : *Sapin.*
Eloquence : *Nymphœa lotus.*
Emotion d'amour : *Célidoine.*
Empèchement : *Bugrame.*
Empoisonnement : *Toxicodendron.*
Emportement : *Balsamine violette.*
Enchantement : *Verveine.*
Encouragement : *Œillet mêlé.*
Energie : *Œillet rouge.*
Enfantillage : *Mignardise.*
Enivrement des sens : *Mahaleb.*
Enivrement : *Héliotrope.*
Ennui : *Yèble du Canada.*
Entêtement : *Pas d'âne.*
Entrave : *Bugrame.*
Envie : *Aspic. — Ronce.*
Ermitage : *Polygala.*
Erreur : *Coqueret.*
Espérance : *Aubépine. — Feuilles vertes.*
Espérance trompeuse : *Genette.*
Esprit : *Joubarbe.*
Estime : *Sauge (petite).*
Etourderie : *Serpolet. — Pavot simple. — Amandier.*
Extase : *Angélique.*
Extravagance : *Kennedie à feuilles ovales.*

# F

Facilité : *Valériane rouge.*
Faiblesse : *Adoxa muscateline.*
Fatuité : *Grenade. — Kennedie à grandes fleurs.
— Orme panaché.*
Fausses richesses : *Soleil.*
Fausseté : *Mancenillier :*
Faux éclat : *Zinnia.*
Félicité : *Armoise commune. — Centaurée.*
Fécondité : *Ammi. — Rose trénière.*
Festin : *Persil.*
Feu : *Fraxinelle.*
Feu d'amour : *Capucine.*
Feu du cœur : *Rose blanche avec une rouge.*
Fidélité : *Fontenaille. — Véronique.*
Fidélité a toute épreuve : *Croix de Jérusalem.*
Fidélité au malheur : *Giroflée des murailles.*
Fiel : *Fumeterre.*
Fierté : *Argentine. — Couronne impériale.*
Fille chérie : *Quintefeuille.*
Flatterie : *Miroir de Vénus.*
Flamme : *Iris-Flamme.*
Flamme ardente : *Lycopode.*
Folie : *Ancolie.*
Folie furieuse : *Tulipe dragonne.*
Foi : *Grenadille bleue.*
Force : *Chêne. — Fenouil. — Fleurs de chêne.*
Fortune : *Blé.*
Fraicheur : *Rose.*

Franchise : *Osier.*
Frivolité : *Brise tremblante.*
Froideur : *Agnus castus.* — *Nénuphar.*
Frugalité : *Chicorée.*

# G

Gaillardise : *Pêche. Pavi rouge.*
Galanterie : *Bouquet.*
Gémissement : *Peuplier tremble.*
Générosité : *Oranger.*
Génie : *Platane.*
Gentillesse : *Rose-Pompon.* — *Symphorine.* — *Ulex.*
Gloire : *Barbe de Jupiter.* — *Laurier.*
Gout des voyages : *Julienne rouge et lilas.*
Gout des voyages lointains : *Yucca* ou *Glorieuse.*
Graces : *Rose à cent feuilles.*
Grandeur : *Frêne.* — *Pêche violette.*
Grosseur : *Citrouille.*
Guerre : *Achillée.*

# H

Haine : *Apocym.*

Haine implacable : *Basilic.*
Hardiesse : *Pin.*
Heureux présage : *Galantine.* — *Perce-neige.*
Honneur : *Barbe de Jupiter.*
Honte : *Pivoine simple.*
Horreur : *Œillet ponceau.* — *Serpentaire.* — *Zamia horrible.*
Hospitalité : *Chêne.* — *Figuier.*
Humanité : *Gratiole.*
Humilité : *Liseron.*

# I

Idolatrie : *Uvulaire de la Chine.*
Il y a tout a gagner avec la bonne compagnie : *Rosier.*
Immortalité : **Amarante.** — *Éternelle.*
Impatience : *Balsamine.* — *Renoncule.*
Inspiration : *Angélique.*
Importunité : *Bardane.* — *Basilic d'eau.*
Incertitude : *Balisier.*
Inconduite : *Queue de lion* ou *Phlorinde.*
Inconstance : *Enothère.*
Inconvenance : *Bardane.*
Indépendance : *Prune sauvage.* — *Prunier sauvage.*
Indifférence : *Argémone.*
Indiscrétion : *Roseau plumeux.*
Infidélité : *Rose jaune.*
Ingratitude : *Renoncule scélérate.*
Injustice : *Houblon.*

INNOCENCE : *Petite marguerite.* — *Rose blanche.*
— *Violette blanche.*
INQUIÉTUDE : *Acacia.* — *Lis jaune.*
INSOUCIANCE : *Ruellie multiflore.*
INSTABILITÉ : *Fucus.*
INTRÉPIDITÉ : *Arrête-bœuf.*
INTRIGANTE : *Ruellie ovale.*
INTRIGUES : *Jonc marin.* — *Tournesol.* — *Wes-*
*tringie.*
IRASCIBILITÉ : *Fragon.*
IRONIE : *Sardonie.*
ISOLEMENT : *Carline.*
IVRESSE : *Fleurs impériales.* — *Vigne.*

# J

JE FUIS LA LOUANGE : *Violette rouge.*
JE M'ATTACHE A VOUS : *Jasmin rouge.*
JE MEURS SI ON ME NÉGLIGE : *Viorme.* — *Laurier.*
— *Thym.*
JE NE PUIS VOUS QUITTER : *Lychniole.*
JE NE VOUS SURVIVRAI PAS : *Mûrier à fruits noirs.*
JE PARTAGE VOS SENTIMENTS : *Petite marguerite*
*double.*
JE SENS VOS SENTIMENTS : *Lin.*
JE SUIS SENSIBLE A VOS PEINES : *Quamoclit chan-*
*geant.*
JE VAIS VOUS QUITTER : *Julienne blanche et vio-*
*lette.*
JE VEUX VOUS AIMER : *Sylvie.*
JE VEUX VOUS AIMER TOUJOURS : *Lycoperde.*

Je vous déteste : *Tulipe sauvage.*
Je vous vois avec plaisir : *Julienne de Mahon.*
J'ai de l'amertume au cœur : *Genièvre.*
J'aime votre modestie : *Violette palmée.*
Jalousie : *Almouza.* — *Siste.* — *Stylidier.* — *Zoégéa.*
Jamais je n'importune : *Une feuille de rose.*
Jeu : *Hyacinthe.*
Jeunesse : *Lilas blanc.* — *Printannière.* — *Zéphyrante blanche.*
Joie : *Ambroisie.* — *Oxalis.*
Justice : *Prune de reine-claude.* — *Vipérine.*
J'y songerai : *Grande marguerite.*

# L

Laissez-moi vous aimer : *Violette de Parme.*
Langueur : *Baume de Judée.* — *Pavot.*
Langueur d'amour : *Adoxa muscateline.*
L'éducation développe vos bonnes qualités : *Poirier.*
Légèreté : *Mogorie.* — *Némésis fleurie.*
Léthargie : *Pavot noir.*
Liens d'amour : *Chèvrefeuille.*
Lumière : *Marsault.*
Luxe : *Marronnier d'Inde.*

# M

M'aimez-vous : *Chrysanthème des prés.*
Majesté : *Lis.* — *Quisquale de l'Inde.*
Maladie : *Anémone des prés.* — *Baume de Judée.*
— *Ziziphus de Chine.*
Maladie dangereuse : *Arnica.*
Malice : *Renoncule bassinet.*
Mauvais cœur : *Rue des jardins.*
Mauvais ménage : *Zoégéa* ou *Zoégée d'Orient.*
Méfiance : *Jalousie.* — *Lavande.* — *Witsémie en corymbe.*
Mélancolie : *Feuilles mortes.* — *Saule pleureur.* — *Violette panachée.*
Mélodie : *Guittarin.*
Mensonge : *Buglosse.*
Mépris : *Seringat odorant.*
Mérite caché : *Coriandre.*
Mes beaux jours sont passés : *Colchique.*
Mésintelligence : *Parnassie.*
Mes intentions sont pures : *Lis de Sibérie.*
Message : *Iris.*
Minauderie : *Belle de jour.*
Misanthropie : *Chardon à foulon.* — *Pariétaire.*
Mise décente : *Ulmus d'Amérique.*
Modestie : *Violette.*
Mœurs : *Rue sauvage.*
Mollesse : *Molène.*
Mort d'un ami intime : *Zapia nain du Cap.*
Musique : *Roseaux.*
Mystère : *Scabieuse.*

# N

N'abusez pas : *Safran.*
Naissance : *Dictame de Crète..*
Naiveté : *Argentine.* — *Lis du Japon.*
Ne nous quittons pas : *Julienne blanche.*
Nœuds : *Lianes.*
Nœud indissoluble : *Branche ursine.*
Noirceur : *Ebénier.*
Nos regrets vous suivent au tombeau : *Asphodèle.*
Nouveauté : *Myrtile.*
Nuit : *Convolvulus de nuit.*

# O

Obscurité : *Convolvulus de nuit.*
On vous rendra justice : *Tulipe de Cels.* — *Tussilage odorant.*
Oracle : *Pissenlit.*
Ornement : *Charme.* — *Ketmie.*
Orgueil : *Laurier cerise.* — *Pavot rouge.* — *Amaryllis pyramidale.* — *Xantochyme.*
Oubli : *Millepertuis.* — *Oublie.* — *Grande lunaire.*
Oubli éternel : *Anagosis.*

# P

PAIX : *Olivier.*
PARESSE : *Ulmus pédoncule.*
PASSION VIOLENTE : *Matricaire.*
PATIENCE : *Patience.*
PÉNIBLE SOUVENIR : *Adonide.*
PERFIDIE : *Laiche. — Laurier amandier.*
PERFECTION : *Ananas.*
PÉRIL : *Arnica.*
PERSÉVÉRANCE : *Chiendent. — Cupidine.*
PERSISTANCE : *Hémérocalle de la Chine.*
PIÉGE : *Gouet gobe-mouche.*
PIÉGE A CRAINDRE : *Kalmie.*
PIÉTÉ FILIALE : *Prune virginale.*
PLAISANTERIE : *Mélisse citronnelle.*
PLAISIR : *Gesse à larges feuilles.*
PLAISIRS CHAMPÊTRES : *Alliace.*
PLAISIR DÉLICAT : *Pois de senteur.*
PLAISIR DOUX : *Passe-rose.*
PLAISIR DURABLE : *Fleurs de pommier.*
PLAISIRS SYLVESTRES : *Brunelle.*
PLEURS : *Hélénie.*
PLUS JE VOUS VOIS PLUS JE VOUS AIME: *Germandrée.*
PLUTÔT MOURIR QUE DE PERDRE L'INNOCENCE : *Rose
    desséchée.*
POÉSIE : *Églantine.*
POLITIQUE : *Gueule de loup.*
POLITESSE . *Prune reine-claude violette.*
POLTRONNERIE : *Gaînier. — Ypréau.*
PRÉCAUTION : *Érable.*
PRÉFÉRENCE : *Fleurs de pommier.*

Premier aveu : *Rueillie élastique.*
Première émotion d'amour : *Lilas.*
Première erreur : *Cornouiller panaché.*
Premier soupir : *Barbeau de Constantinople.*
Première jeunesse : *Primevère.*
Prétention : *Salicaire.*
Présage : *Souci pluvial.*
Présomption : *Frétillaire de Perse.* — *Muflier.*
Prévoyance : *Moujon.*
Privation : *Mirobolan.*
Profit : *Chou.*
Promenade : *Cresson.*
Promenade sentimentale : *Noisetier.*
Promptitude : *Giroflée de Mahon.*
Propreté : *Genêt.*
Prospérité : *Hêtre.*
Prudence : *Cormier.*
Pudeur : *Sensitive.*
Pureté : *Balsamine blanche.* — *Ornithogale épi
de la vierge.*
Pureté enfantine : *Lis Pompon.*
Puissance : *Impériale.*

## Q

Querelle : *Achillée.*

## R

Rafraichissement : *Laitue.*
Raison : *Galéga.*
Rareté : *Mandragore.*
Réciprocilé : *Œillet incarnat.*

RÉCOMPENSE DE LA VERTU : *Couronne de roses.*
RÉCONCILIATION : *Coudrier.*
RECONNAISSANCE : *Agrimoine. — Cameline. — Coquelicot.—Figuier.— Prune perdrigon rouge.*
REFROIDISSEMENT : *Boule de neige.*
REFUS D'AMOUR : *Œillet panaché.*
REGRETS PASSAGERS : *Astragale.*
RÉJOUISSANCE PROCHAINE : *Alleluia.*
RELIGION : *Noyer.*
REMORDS : *Aconit ou Casque. — Épines.*
RENDEZ-VOUS : *Mouron.*
RENDEZ-MOI JUSTICE : *Châtaignier.*
RÉSERVE : *Erable.*
RETOUR DU BONHEUR : *Muguet.*
RÉVEIL MATIN : *Euphorbe.*
RÊVERIE : *Aurone. — Balisier. — Bruyère. — Osmonde.*
RICHESSE : *Blé. — Froment.*
RIGUEUR : *Camara piquant.*
RUDESSE : *Grateron.*
RÉSERVE : *Sycomore.*
RESPECTEZ LA VIEILLESSE : *Prune de Catherine.*
RÉSISTANCE : *Tremelle-Nostoc.*
RUPTURE : *Paille brisée. — Polémoine bleue. — Rose détachée de sa tige.*

# S

SAGESSE : *Mûrier blanc.*
SANTÉ : *Fédie.*
SECOURS : *Genévrier commun.*
SÉDUCTION : *Oreille d'ours.*
SENSUALITÉ : *Jasmin d'Espagne.*

SENTIMENT INALTÉRABLE : *Oreille d'âne.*
SÉPARATION : *Amourette. — Jasmin de Virginie.*
SINCÉRITÉ : *Fougère. — Mauve. — Pulmonaire bleue.*
SIMPLICITÉ : *Rose blanche simple.*
SOBRIÉTÉ : *Prune de Damas blanc.*
SOINS DOMESTIQUES : *Fritillaire pintade.*
SOLIDITÉ : *Kaki.*
SOLITUDE : *Alysse des rochers. — Bruyère. — Carline.*
SOMBRES RÉFLEXIONS : *Néflier.*
SOMMEIL DE CŒUR : *Pavot blanc.*
SORTILÉGE : *Circée.*
SOTTISE : *Géranium écarlate.*
SOUPÇONS : *Aster. — Champignon.*
SOUVENEZ-VOUS DE MOI : *Myosotis.*
SOUVENIR : *Pensée.*
SOUVENIR D'ABSENCE : *Digitale.*
SOUVENIRS D'AMOUR : *Styphélie.*
SOYEZ MON APPUI : *Taminier.*
SPLENDEUR : *Reine Marguerite.*
STOÏCISME : *Buis.*
SUPERSTITION : *Gui de chêne.*
SURETÉ : *Siste.*
SURPRISE : *Pavot mêlé. — Truffe.*
SURVEILLANCE : *Campanule.*
SYMPATHIE : *Cheveux de Vénus. — Giroflée.*

# T

TALENT : *Œillet rose.*
TALENT MODESTE ET VÉNÉRÉ : *Camélia.*
TEMPS : *Peuplier blanc.*

Tenez vos promesses : *Prunier.*
Tentation : *Ximénésie.*
Toujours heureux : *Marjolaine.*
Tous les sentiments : *Toutes les fleurs.*
Trahisom : *Apocym. — Caille-lait. — Ciguë,*
    *Watsonie rose.*
Tranquillité. — *Alysse des rochers.*
Tristesse : *Feuilles mortes. — If.*


# U


Union : *Grenadier. — Paille entière.*
Union parfaite : *Xipride.*
Unissons-nous : *Épilope à épis.*
Utilité : *Carthame. — Gazon. — Orme.*


# V


Vanité : *Lilas rose.*
Vénération : *Œillet des poëtes.*
Vérité : *Morelle.*
Vertu : *Baume. — Rose purpurine simple.*
Vertu offensée : *Balsamine blanche.*
Vertus enfantines : *Tulipe de l'Ecluse.*
Vétusté : *Ulmus subéreux.*
Veuvage : *Zéphyrante.*
Vice : *Ivraie.*
Victoire : *Palmier.*
Vie : *Luzerne.*
Vie sans amour : *Agnus castus.*
Vigueur : *Aristée.*

Virginité pieuse : *Lis Matagon.*
Vivacité : *Balsamine rouge. — Pavot rose.*
Volupté : *Rose mousseuse. — Tubéreuse.*
Vos charmes sont gravés dans mon cœur :
*Fusain.*
Vos yeux me glacent : *Ficoïde glaciale.*
Vos qualités surpassent vos charmes : *Réséda.*
Votre présence adoucit mes peines : *Jujubier.*
Votre présence me ranime : *Romarin.*
Votre renommée se répand partout : *Essence de
rose.*
Votre simplicité me plait : *Violette brumeau.*
Votre vue cause ma joie : *Ornithogale à ombelle.*
Vous êtes belle et bonne : *Yuban ou Magno-
lier.*
Vous êtes brillante d'attraits : *Renoncule asia-
tique.*
Vous êtes froide : *Hortensia.*
Vous êtes ma divinité : *Gyroselle.*
Vous êtes sans prétention : *Coquelarde.*
Vous faites attendre : *Chrysocome.*
Vous faites mon tourment : *Ixia.*
Vous inspirerez l'amour : *Cupidone bleue.*
Vous me consolez de toutes mes peines : *Yèble
ou Sureau commun.*
Vous refusez mes soins : *Gentiane.*
Vous rendez le calme a mon ame : *Lupin.*
Vous recevrez une gracieuse invitation : *Julienne
des jardins.*
Vous seule pouvez guérir mon cœur : *Origan
dictame.*
Voyage lointain : *Absinthe (petite marine).*


FIN

# TABLE DES MATIÈRES




F. Aureau et Cᵏ. — Imprimerie de Lagny.